UNDERGROUND
裏社会の
スマホ活用術

裏社会のスマホ研究会　著

JN109818

4

●本書に掲載されている情報により、スマホの復元などが難しい情報も掲載していますので、自己の責任上で実行してください。

●本書のAndroidの情報においては、各メーカーや各Android OSの環境などの細かい違いにより、お手持ちの機種では手順などが異なる場合があります。

●本書では、iPhoneの「jail break」やAndroidの「root化」などの情報は紹介していません。

●本書での、iPhoneの情報は「iPhone6s（iOS15.5）」「iPhone7（iOS15.5）」「iPhoneXR（iOS16.1）」で執筆と検証をしています。

●本書での、Androidの情報は「Xiaomi Redmi Note 10 JE（Android12）」「Galaxy S20 5G（Android12）」「Galaxy A20（Android11）」「Alldocube iPlay40H（Android11）」「Galaxy S9（Android10）」「HUAWEI nova lite 3（Android10）」で執筆と検証をしています。

●本書に掲載されている情報はスマホの各メーカーの全機種に対応できるものではありません。

●本書に掲載されている情報を実行して生じる、いかなる被害に対して、出版社および著者は一切の責任を負いません。

●本書に掲載されている情報に対する質問などに出版社および著者は個別にお答えできません。

●本書のサポートサイトは以下になります。
→https://sumahobookinfo.blogspot.com

●本書に掲載されているWebサイト、Webサービス、アプリ、ソフトウェア、製品などの名称は、その発売元、および商標、または登録商標です。
　本書を製作する目的でのみ、それら商品名、団体名、組織名を記載しており、出版社および著者はその商標権を侵害する意思や目的はありません。

まえがき

近年では、インターネット上において「個人情報は自分で守るもの」という時代になっています（図1）。

次々と大手企業がハッキングされ、個人情報が漏えいする中で、一般の方々はさまざまなWebサービスを利用しており、他のWebサービスでも同じパスワードを使いまわしていたとしたら、非常に危険だと思われます。

日常においてもアプリをインストールしたつもりがマルウェアに感染してしまったなど、よくある話です。

本書では、そうしたスマホでインターネットを利用している初級者から中級者を対象に「スマホでインターネットを安全に利用する方法」、また「生活に役立ちそうなライフハック」の情報を中心に紹介しています。

本書は「攻撃的な方法」を指南する内容ではありません。「危険なインターネットからスマホを守る」ということも目的として「元ハッカー」「元クラッカー」などアンダーグラウンドの世界で活躍していた方々が執筆し、編集部がまとめた一冊となっています。

2023年2月14日

お客様各位

■ ■ ■ ■ ■ ■ 株式会社

当サイトへの不正アクセスによる個人情報漏えいに関するお詫びとお知らせ

このたび、当サイト（www.■■■■■■■■）におきまして、第三者による不正アクセスを受け、お客様のクレジットカード情報112,132件および個人情報120,982件が漏えいした可能性があることが判明いたしました。

お客様をはじめ、関係者の皆様に多大なるご迷惑およびご心配をおかけする事態となりましたこと、深くお詫び申し上げます。

クレジットカード情報および個人情報が漏えいした可能性のあるお客様には、本日より、電子メールにてお詫びとお知らせを個別にご連絡申し上げております。

なお、個人情報120,982件が最大漏えい件数となりクレジットカード情報112,132件はこれに含まれております。

弊社では、今回の事態を厳粛に受け止め、再発防止のための対策を講じてまいります。

図1　相次ぐ企業の個人情報の漏えい事件

ハッキングされた内容などについても紹介していますが、その実際を知り、それら知識を生活に役立てる内容としても利用できるため、よくある『初めてのスマホ』のような初心者本を読む層を読者対象とした「スマホでインターネットを安全で便利に楽しむための情報書籍」として製作しました。

読者対象

・インターネットの知識の低いスマホ初級者
・インターネットの安全な使用を知らないスマホ中級者

　本書を熟読することにより、スマホでインターネットを安全で便利に使えない方の一助になれば幸いです。

2023年2月　裏社会のスマホ研究会

QRコードの危険性

@DAT

　近年では、飲食店、コンビニ、スーパーなどでスマホをかざして「QRコード決済」をする光景をよく見かけるようになりました（図1）。

　QRコードの「QR」とは「Quick Response」の略で、日本の「デンソー」という会社が開発した「二次元コード」と呼ばれるものです（図2）。

　QRコードに格納される文字列はさまざまなデータを含めることができ、QRコードをカメラで読み取ったアプリによって、その後の動作が決まりますが、以下のような利用例があります。

図1　リーダーで読み取られている
　　　QRコード

・Webページを開く
・連絡先を追加する
・ファイルをダウンロードする
・Wi-Fiに接続する
・支払いをする

図2　QRコードと呼ばれる画像データ

　ここでは、QRコードの仕組みと危険性と対策を紹介します。

QRコードとは

　QRコードとは、目視で読み取ることが困難な情報が格納されている正方形の密集した図柄のことです（図3）。

　QRコードをスマホのカメラアプリで読み取ると、自動的に埋め込まれた文字列を読み取り、Webサイトなどにアクセスさせることができます。

　その場合、例えば、フィッシング詐欺などのWebサイトなどに誘導され、悪用される可能性もあります。

図3　QRコードを拡大

QRコード決済とは

QRコード決済はスマホとインターネットを利用します。

スマホのカメラ機能や決済端末でQRコードを読み取ることにより、支払いができる決済方法の一種です。

QRコードには店舗の情報や顧客の支払い情報が紐づけられており、指定した銀行口座より専用アプリで支払いが自動的に行われます。

QRコードの危険性

QRコード自体には不正な利用に対する対策が追いついていないのが実情のようで、多くの情報を盛り込めるため、便利な反面、危険性もあります。

特に危険性が高い点としては「QRコードが偽物かどうか判別することが難しい」ということがあります。

QRコードは、目視で中に格納されている情報を読み取ることは困難なため、偽装されたQRコードとして改ざんされていても気づくことは困難です。

スマホのカメラが自動的に認識する時代

現在では、QRコードにカメラを起動したスマホをかざすだけで、カメラがQRコードを自動的に認識し、データを読むことが可能な機種もあります。

試しにiPhoneのカメラを向けただけで、カメラはQRコードを自動的に認識し、通常はWebサイトのURL（Webサイトのアドレス）を表示します。

その際、すぐにWebサイトのアドレスを押してしまうユーザーも多いため、もし、仕掛けられたURLだと一瞬で悪意のあるWebサイトに誘導されてしまう可能性がありますので、QRコードの利便性に対する脆弱性をしっかり認識し、無条件に信頼しないことが必要となります。

偽装されたQRコードからの防衛対策

偽装されたQRコードから、スマホなどの端末を守り、被害に遭わないためにはどういった対策が必要なのか、以下に方法を紹介します。

・セキュリティ機能を搭載したQRコード（SQRC）を利用する

・紙に印刷されただけのQRコードは改ざんしやすいので注意する

・QRコードでリンクを開く場合、必ずリンク先のアドレスに注意する

・スマホにセキュリティ対策ソフトを導入しておく

スマホで簡単に無料で作れるQRコード

@DAT

QRコードは、自分のWebサイトのURL、メールアドレス、その他、テキストなどの情報などを自由に埋め込める「便利な画像」として、初心者でもスマホから簡単に作成できるようになっています。

ここでは、QRコードを無料で簡単に作る方法を紹介します。

・QRコード作成サイト／無料版
→https://qr.quel.jp/

最大文字数とエラー訂正

QRコードに格納できる文字数は、規格では英数字で最大4296文字、漢字で最大1817文字とされていますが、カメラの解像度の低いスマホで読み取れる文字数には制限があります。

また、QRコードの画像の一部に汚れがついたりなどしても全体では読み取りができるように設計されています。

無料といっても、エラー訂正は十分で、自分のURL、メールアドレス、テキストなどの情報のいずれかを入れるには充分過ぎる量となっています。

QRコードの作成

ここでは本書を出版している「データハウス編集部」のTwitterアカウントに接続されるQRコードを作成しますが、自分のSNSアカウントで試してみてください。

・データハウス編集部（Twitterアカウント）
→https://twitter.com/11942694

❶「QRコード作成サイト／無料版（https://qr.quel.jp/）」にアクセスし「さっそく作る」の下の「https://」と薄く記載された欄に作成したいURL文字列を入力します（図1）。

❷ここでは、その欄に接続先であるデータハウス編集部のTwitterアカウント

のURL「https://twitter.com/11942694」と入力し、右側にある「OK」を押します（図2）

❸瞬時にQRコードの画像が作成されました（図3）。

❹これを別のiPhoneのカメラを向けてみるとQRコードが即座に読み込まれますが、その際、画面上に「Twitter.comをSafariで開く」というバナーが現れるので、接続先をよく見てから押します。

　ここでは接続先が「twitter.com」なので安心だと判断できます（図4）。

❺すると接続先であるデータハウス編集部のTwitterアカウントのURLにアクセスしました（図5）。

　このようにQRコードは簡単に作れて便利に利用できるのですが、接続先も確認せず、無闇に開くと危険なWebサイトにつながる可能性もありますので、開くときの接続先が表示されるバナーに注意して接続先を確認してから開いてください。

図1　QRコード作成サイトにアクセスする

図2　URL文字列の入力してOKを押す

図3　QRコードの画像が作成される

図4　接続先のバナーが現れる

図5　接続先のURLにアクセスできる

Gmailアドレスを複数作る

例えば、同じSNS、メールアドレス、オンラインゲームなどで複数のアカウント作りたいときに「そのメールアドレスはすでに使われています」という画面が出て、違うメールアドレスにしないと別アカウントが作れない場合があります（図1）。

その際、登録するための別のメールアドレスを瞬間的に作れる方法を紹介します。

図1　同じメールアドレスで登録できない場合

自分のGmailアドレスに「+」を用いた作成方法

Gmailでは元のメールアドレスに対し「エイリアス」という別の符号を加えた受信専用のメールアドレスを作ることが可能です。

1つのGmailアカウントで複数のメールアドレスを使い分けることを目的とした仕組みとなっています。

エイリアス宛てに届いたメールは元のアカウントと同じ受信トレイに保存されますので、大量にメールが送られてくるサービスなどでは利用しないほうが賢明です。

作成方法

エイリアスのアドレスを使う場合「+」（半角プラス）を、元のメールアドレスのユーザー名と@の間に文字列を追加します。

特にGmail側で設定する必要はありませんので、その場で瞬時に作成できます。

元となるGmailアドレスの例	hogehoge@gmail.com
↓	
エイリアスで作成するGmailアドレスの例	hogehoge+xxxx@gmail.com

　例えば、元のメールアドレスが「hogehoge@gmail.com」の場合「hogehoge+xxxx@gmail.com」のようになります。

元となるメールアドレス	hogehoge@gmail.com
↓	
作成するGmailアドレス	hogehoge+xxxx@gmail.com
	hogehoge+xyyy@gmail.com
	・・・省略・・・
	hogehoge+xxxy@gmail.com

「xxxx」は自由な任意のアルファベットや数字の文字列を組み合わせられます。

　受信するだけの場合は特にGmailでの登録作業はなく、エイリアスのメールアドレス宛てにメールを送信するだけで受信できます。

　エイリアスのメールアドレスを使用した場合も、元のメールアドレスの受信ボックスに受信されます。

　ここでの例では「hogehoge+xxxx@gmail.com」宛てのメールも「hogehoge@gmail.com」の受信ボックスに受信されます。

　ただし、エイリアスのメールアドレスから送信する場合は設定作業が必要となります。

　ですが、アカウント登録用の使い捨ての受信専用として使うなら送信の必要はありません。

自分のGmailアドレスに「.」を用いた作成方法

　次に、上記とは違う方法を紹介します。

　Gmailアドレスの「@」の手前の文字列の間に「.」（ドット記号）を挟む方法です。

元となるGmailアドレス	hogehoge@gmail.com
↓	
作成するGmailアドレス	h.ogehoge@gmail.com

ho.gehoge@gmail.com

hog.ehoge@gmail.com

hoge.hoge@gmail.com

hogeh.oge@gmail.com

・・・省略・・・

h.o.g.e.h.o.g.e@gmail.com

これも元の「hogehoge@gmail.com」にメールが届く仕様となっています。

紙面の都合上、省略していますが、受信専用のGmailアドレスを数多く作ることが可能となります。

場合により「迷惑メール」に受信される場合がありますので、その点に注意してください。

まとめ

各種サービスで別のアカウントを作りたいときに「そのメールアドレスはすでに使われています」と出た場合、この方法を試してみてください。

筆者は、普段からエイリアスの方法で「hogehoge+private@gmail.com」や「hogehoge+business@gmail.com」として、フィルターを作り利用しています。

Yahoo!メールを複数作る

@DAT

Yahoo!メールのアカウントが1つあれば「セーフティーアドレス」というサブのメールアドレスを10個まで作れます（図1）。

例えば、同じSNS、メールアドレス、オンラインゲームなどで複数のアカウント作りたい場合などに便利です。

これらサービスは登録するアカウントごとにメールアドレスが必要ですが、セーフティーアドレスを利用することにより、1つのYahoo!アカウントがあれば全てを管理できます。

ここでは、すでにYahoo!メールのアカウントがあることを前提として、セーフティーアドレスの作り方と使い方を紹介します。

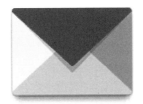

図1　進化したYahoo!メール

セーフティーアドレスの仕組み

Yahoo!メールのメインのメールアドレスが「hogehoge@yahoo.co.jp」だとします。

この「hogehoge」に関係ないサブのメールアドレスが1つ取得できます。

そのメールアドレスに「振り分け用アドレス」を加えることにより最大10個まで作成可能となっています。

ベースネーム	-	振り分け用アドレス	ドメイン
xxxxxxxx	-	yyyyyyyy	@yahoo.co.jp

つまり「ベースネーム」という新たな名前のメールアドレスが取得できます。

ベースネームは一般的なメールアカウントと同じで、他人が取得している文字列は使用できません。

そして、ベースネームに「-（ハイフン）」を加え、任意の自由な文字列を用いて10種類の「振り分け用アドレス」を加えて目的別に管理することができる仕組みです。

21

ベースネーム	-	振り分け用アドレス	ドメイン
xxxxxxxx	-	sns	@yahoo.co.jp
xxxxxxxx	-	shopping	@yahoo.co.jp
xxxxxxxx	-	magazin	@yahoo.co.jp

　サブアドレスなので、不要になったら削除すればいいだけで、メインの
Yahoo!メールアドレスには影響なく利用できます。

　ただし、ベースネームは2回まで削除できますが、2回目の削除以降は、そ
のアカウントではベースネームの削除を行えなくなりますので慎重に作成して
ください。

▶ セーフティーアドレスの作成前の準備

　Yahoo!メールにログインします。

　セーフティーアドレスを作成する前に、作ったセーフティーアドレスを振り
分けるための「振り分け用フォルダー」を作成しておきます。

❶Yahoo!メールアプリを開き、一番下にある「フォルダー作成」を押します（図
2）。

❷フォルダーが作成されます（図3）。

❸ここでは「SNS登録用」と名前をつけて、右上の「完了」を押します（図4）。

❹「SNS登録用」という名前のフォルダが作成されました（図5）。

図2　フォルダー作成を押す

図3　フォルダーが作成される

図4　フォルダーに名前をつける

振り分け用フォルダーは、セーフティーアドレスごとにそれぞれに対して用意することができます。

フィルターをかければ「受信箱」には入らず、それぞれがフィルターで指定したメールアドレスごとに専用フォルダーに振り分けられて保存されます。

図5　名前のついたフォルダーが完成

セーフティーアドレスの作成

ここでは、Yahoo!メールのアカウントをもっていることを前提にセーフティーアドレスの新規作成方法を紹介します。

❶Yahoo!メールを起動します（図6）。

❷左上の「歯車」マークを押します（図7）。

❸「Yahoo! JAPAN IDとメール設定」を押します（図8）。

図6　Yahoo!メールを起動

図7　歯車マークを押す

図8　Yahoo! JAPAN IDとメール設定を押す

23

❹下にある「セーフティーアドレス（サブアドレス機能）」を押します（図9）。

❺「作成する」を押します（図10）。

❻「ベースネーム入力」の画面になりますので、ベースネームを入力し「確認」を押します（図11）。

❼「ベースネームの設定」画面になりますので「決定」を押します（図12）。

❽「キーワード」の入力画面になりますので、振り分け用アドレスを入力し「設定」を押します（図13）。

図9　セーフティーアドレスを押す

図10　作成するを押す

図11　ベースネームを入力し確認を押す

図12　決定を押す

図13　振り分け用アドレスを入力し設定を押す

図14　好みの色を選び設定を押す

❾「オプション設定」になりますので、好みの色を選び「設定」を押します（図14）。

❿以上で1つのセーフティーアドレスの登録が完了しますが、続けてキーワードをつけてメールアドレスを増やしたい方は「＋追加」を押して、取得を進めてください（図15）。

　以上で「y11942694-touroku@yahoo.co.jp」というメールアドレスが作られました。

図15　登録が完了

　まとめ

　このように、10個までメールアドレスが取得できるということは、他のメールアドレスを取得するための起点ともなりますので、使い捨て目的を含めてメールアドレスをさまざまなサービスの登録などに使えます。

　なお、Yahoo!メールのアプリからセーフティーアドレスの設定が行なえない場合は、Webブラウザからアクセスして進めてください。

捨てメアド系の利用法

@DAT

スマホなどのキャリアのメールアドレス、Gmail、Yahoo!メールなど以外に「捨てメアド」というWebメールサービスがあります。

ここでは、捨てメアドの取得を含めて捨てメアドの使い方について紹介します。

捨てメアドとは

「捨てメアド」とは「使い捨てのできるメールアドレス」のことを指し、あくまでも一時的な「使い捨て」の利用を目的としているため、捨てメアドを取得することで、メールアドレスを無限大に近いほど作れるので、さまざまなWebサービスに利用できます。

捨てメアドが作れるWebサービス

捨てメアドは、スマホのアプリでWebサービスから作ることができるようになっており、会員登録の必要がありません。

捨てメアドの入手先

捨てメアドは、無料でスマホのアプリからサービスが利用できるようになっており、入手先は以下の通りとなります。

・捨てメアド【iPhone】
→https://apps.apple.com/jp/app/id806157957
・捨てメアド【Android】
→https://play.google.com/store/apps/details?id=air.kukulive.mailnow

使用方法

登録方法は簡単なので割愛して紹介しますが、登録すると以下の画面が現れます（図1）。

ここでは3つの選択肢がありますので、それについて紹介します。

❶アドレスを自動作成して追加：ランダムな文字列で自動生成できる

❷アドレスを指定して追加：任意の文字列で生成できる

❸期限つき使い捨てアドレスを追加：期限がくると自動的に削除される

主に使うのは、自由にアドレスの文字列を作れる❷だと思われます。

急いでいるのなら❶を、受け取るメールを読まないなら❸を選べば、それぞれを好みのドメイン名で作成できます（図2）。

次に自由な名前をつけたらメールアドレスが作られます（図3）。

また、連続した名前のメールアドレスも簡単に作れます（図4）。

ただし、各種サービス側は、こういった捨てる目的で作ったメールアドレスを定期的にドメイン名ごと一括して弾く設定を行うことが多いため、ここでのドメイン名は、GmailやYahoo!メールのメールアドレスのように「信頼して長期的に使えるものではない」と理解しておくべきです。

図1　起動画面

図2　好みのドメイン名が選べる

図3　メールアドレスが作られる

図4　メールアドレスを連番で作れる

安全性の高い無料メールを利用する

iPhone
Android

@GoodAdult

　無料のメールを使うなら、世界的にはGoogle、Apple、Microsoft、いずれか
のメールサービスと相場は決まっていますが「自分の身を守る」という意味で
は、他にも選択肢があります。

　その代表格とされるのが「Proton Mail」です。

　セキュリティ界隈やアンダーグラウンド界隈では、利用者も多いため、一般
の方でもこのサービスに注目してみる価値はあります。

　Proton Mailは、他のメールサービスとは異なりますが、大きなメリットが
いくつかありますのでそれらを紹介します。

無料で利用可能

　Proton Mailには無料版（最大で500MB）があり、
他のメールサービスが提供しているアプリと比べ
ると無個性ではあるものの、そのデザインは洗練
されており、シンプルでわかりやすいインター
フェースのため、しっかりとメールに集中し続け
られますので、初めて利用する場合なら無料版で
問題ありません。（図1）。

図1　シンプルでわかりやすい

独自の中立性と独立性

　無料のメールサービスは、Gmailを筆頭に数多くありますが、ある程度のプ
ライバシーの提供を求められます。

　例えば、Googleのようターゲット広告を表示した過去があったり、Appleの
ように自社のシステムに閉じ込めようとする流れがあります。

　しかし「中立的立場」のスイスにあるProton Mailは、秘匿性の高いサービ

スが利用でき、自由になれるという利点があります。

　また「エンドツーエンド（端から端まで）」の暗号化と「ゼロアクセス（ProtonMail社でもアクセスできない）」が大きな特徴で、Proton Mail側でさえもユーザーのメッセージを読めない仕様となっていいます。

　そして、コードと暗号化ライブラリはオープンソースであるため、誰でも知ることができるため、バックドアなど不正なものを隠すことができません。

　また、暗号化に加えて、プライバシーを守るための機能も提供しており、アカウント作成時に個人情報は必要なく、アカウントにアクセスするIPアドレスの記録すら残りません。

世界のどこからでもアクセス可能

　Proton Mailは、どのようなデバイスからもアクセスが可能で、スマホではiPhone版とAndroid版もあります。

　モバイル版にも便利なプライバシーとセキュリティの機能が数多く備わっており、例えば、誰かにスマホを盗み見されてもメールを読まれないようにアプリを生体認証で守ることが可能です。

機能

　無料プランでは使用できる数が限られていますが、メールをGmailなどと同じように表示でき、ラベルとフォルダを使ってメールの整理整頓も可能です。

　セキュリティ面では二要素認証をサポートしており、ログイン履歴に簡単にアクセスでき、安全性を高めるVPNサービスも有料オプションとしてアカウントに追加できます。

アカウントを作成する際の注意点

　Proton Mailはとても便利な暗号化された電子メールサービスではありますが、100％安全というわけではありません。

　ここではそのアカウント作成の際に注意すべき点について考察します。

捨てメールアドレスの取得

　一般的なWebサイトではよく、不正な利用者による自動的なアカウント作成を防止するために歪んだ文字を読ませたり、画像に映り込んでいるものを選択させたりすることがあります。

　これらはキャプチャ（Captcha）として一般的に知られています。

Proton Mailでは、hCaptchaを使用し、不正なユーザーによるアカウント作成を防止しています。

また、キャプチャの他に電話番号によるSMS認証や、メールアドレスによる認証などの手段を利用することも可能です。

Proton Mailでアカウントを作成する際に匿名性を考慮するのであれば、電話番号でのSMS認証は避けるべきです。

メールアドレスによる認証であれば、捨てるためのメールアドレスを取得し、認証することが可能です（捨てメアドなどについては別項を参照）。

IPアドレスの変更

Proton Mailは、プライバシーを売りにしていますが、過去にフランスの活動家が使用していたProton Mailのアカウントに記録されていたIPアドレスのログをProton Mailの運営はスイス当局に提出していたことが判明し、大きな騒ぎになったことがありました（図2）。

【引用元：https://internet.watch.impress.co.jp/docs/yajiuma/1349387.html】

そのため、さらに匿名性を高めた匿名アカウントの作成を行なう場合は、IPアドレスを隠したうえでアカウント登録することが望ましいです。

これは、Proton Mail側で「Tor」の秘匿サービス（Torについては別項を参照）を用意することで「ダークウェブ」経由で、Proton Mailにログインすることができるようにしているため、技術力のある方はそちらを利用することも可能です。

図2　大騒ぎになったProton Mail

まとめ

リモートワークをされる方が増えてきている現代では、機密情報を守るために「メールでもセキュアな環境」を求める方が増えていますが、そういった場合は、仕事用としてProton Mailの利用をお勧めします。

安全性の高い無料メールを登録する

iPhone / Android

@GoodAdult

　ここでは、安全性が高いとされる「Proton Mail」について、スマホからの登録方法を紹介します。

　まず、最初にアプリをインストールする必要があります。

・Proton Mail – Encrypted Email 【iPhone】
→https://apps.apple.com/jp/app/protonmail-encrypted-email/id979659905
・Proton Mail: Encrypted Email 【Android】
→https://play.google.com/store/apps/details?id=ch.protonmail.android

---

Proton Mailの登録方法

　匿名化をより高めたいなら、捨てるためのメールアドレスを用意しておきます（捨てメアドなどについては別項を参照）。

❶インストールしたアプリを起動します。

　次のようなアラート画面が現れますので好みで選択してください（図1）。

❷「アカウント作成」を選択し「サインイン」を押します（図2）。

図1　アラート画面が現れる

図2　アカウント作成を選択

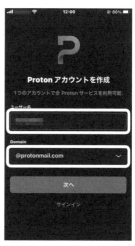

図3　ユーザー名を記載

31

図4　メールアドレスを入力

図5　プランを選択の画面

図6　Free（無料）を選択

　アカウント名、パスワード、元となるメールアドレスは最初からメモしておくかパスワード管理ソフトを利用すると間違いないです。

❸「ユーザー名」を記載します。

「domain（ドメイン）」は最初は「proton.me」と「protonmail.com」の2種類から選択可能ですので自由に選んでください（図3）。

❹「捨てメアド」を用意しておき「回復用のメールアドレス」を入力します（図4）。

❺「プランを選択」の画面になります（図5）。

❻ここでは「Free（無料）」を選択しています（図6）。

Free（無料）プランの内容

- 利用可能なストレージ容量：500MB
- 利用可能なメールアドレス：1アドレス
- 送信制限：1時間50メッセージ、1日最大150メッセージ
- 送信可能な最大サイズ：25MB
- 1通のメールで送信可能な受信者数：最大100件
- 1通のメールで送信可能な添付ファイル数：最大100個
- フォルダー作成数：最大3
- フィルター：アクティブにできるのは1アイテム
- 短縮ドメイン：受信のみ可能

図7　ボックスにチェックを入れる

図8　アカウント生成中

図9　アカウントが生成される

❼hCaptcha画面が現れますので右側のボックスに「チェック」を入れます（図7）。

❽アカウントを生成していますので、しばらく待ちます（図8）。

❾アカウントが生成されました（図9）。

❿受信箱を見るとシンプルになっていて使いやすそうです（図10）（図11）。

図10　受信箱を見る

図11　メールボックス

 まとめ

　前項の「安全性の高い無料メールを利用する」で紹介した通り、セキュアでシンプルなので、自身のプライバシーの安全性を高めるという意味で試してみてください。

インターネットで安全性の高い匿名化

@GoodAdult

「VPN（Virtual Private Network）」とは仮想プライベートネットワークのことで、インターネットの通信網において、その端末が安全なトンネルのような経路を経由し、海外などにある遠隔サーバーに自由に接続するための一種の接続方法です（図1）。

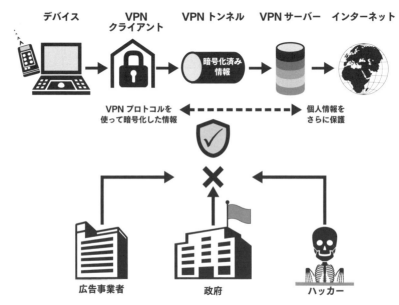

デバイス　　VPN　　VPN トンネル　VPN サーバー　インターネット
　　　　　クライアント

VPN プロトコルを　　　　　　　　　　個人情報を
使って暗号化した情報　　　　　　　　さらに保護

広告事業者　　　　　　政府　　　　　ハッカー

図1　インターネットにトンネルで接続

　データの暗号化と併せることでインターネットを匿名で利用することもでき、他人に「どこから接続して、どのWebサイトでなにを閲覧しているのか」見られにくくなるという意味での「匿名」ということです。

　中国においても政府の規制をすり抜けて、世界中のインターネットを自由に使うためにVPN接続が利用されています。

　また、GoogleやFacebookなどのWebサイトに閲覧履歴を見られなくできるのでターゲッティングされた宣伝が表示されにくくなりますし、フリー Wi-Fiスポットへの接続も、より安全に利用できるようになります。

　ここではVPNの仕組み、メリット、デメリット、お勧めサービスなどを紹介します。

暗号化とは

VPNは通信の内容を暗号化することによって個人情報を保護します。

悪意のある第三者がこれらを解読するには理論的に数百年かかるという計算になり、現在のところ解読される心配は低く、政治的に不安定な場所でのジャーナリストや活動家が安全を守るためにも利用されています。

しかし、VPNは危険な状況にある人だけが利用するものではありません。

インターネットにおいて匿名性、セキュリティ対策を行うために簡単に使える重要なツールなので、以下のような方にVPNをお勧めします。

・フリー Wi-Fiスポットへの接続をより安全に利用したい場合
・ネット銀行などの機密情報を守りたい場合
・ネットの匿名性を重要視している場合
・政府による監視が厳しい国に住んでいる場合
・大手企業にインターネットの使用履歴を見られたくない場合
・大手企業にターゲティングされた宣伝を表示させたくない場合
・旅行や出張中に会社のネットワークにアクセスする必要がある場合
・ネットワークのファイアウォールを通過したい場合
・ネットワーク管理者にブラウジング履歴を見られたくない場合
・Netflixなど、他の地域のコンテンツも楽しみたい場合
・自由なインターネットをしたい場合

VPNの仕組み

VPNを利用するために必要なものは以下の通りです。

・VPNプロバイダのアカウント
・VPNプロバイダのアプリ

VPNのプロバイダアカウントを作成したら、スマホでアプリを開いてログインし、接続したい国や地域のサーバーを選択するだけです。

どのサーバーを選択するかは目的によりますが、セキュリティと通信速度を優先する場合は、現在地に近いサーバーを選択します。

また、検閲や地理制限を通過したい場合は世界のサーバーに接続し、アプリ

は全てのデータを暗号化してからトンネルを経由して選択したサーバーにルーティングします。

その後、サーバーは訪問するWebサイトにデータを転送します。

サーバーがIPアドレスを隠すため、Webサイトは自身の端末ではなくサーバーからデータが発信されていると認識します。

つまり、他者が一見してもどの国のどの地域から接続しているかがわかりません。

安全なVPNを選ぶ基準

VPNサービスは多数ありますが、以下の基準を満たしていることを確認してください。

暗号化：データのプライバシーを保護するためにはVPNプロバイダは256bit暗号化を提供していることを確認する

DNS漏えい対策：DNS（ドメインネームシステム）は、Webサイトを訪問するたびにプロバイダのDNSサーバーからWebサイトのIPアドレスをリクエストするが、VPNを使うとVPNのDNSサーバーにリクエストが送信される

ログ保存の有無：多くのVPNプロバイダは利用者の活動についていくらか記録を保存しており、それらが保存されていないことを調べる

VPNを利用するメリットとデメリット

メリット

・無料のサービスもある
・暗号化やその他のセキュリティ機能でデータが全て保護されている
・Webサイトはブラウジング履歴を利用した宣伝を作成できない
・VPNはIPアドレスを隠すので地理制限や検閲を通過することができる
・Webブラウザから送信される全てのデータを保護する
・全てのデバイスで利用でき、ネットワーク全体を保護が可能である

デメリット
・ほとんどのVPNは加入が必要だが、一般的に手ごろな価格である
・一部の銀行や支払いはVPNの使用を不審な活動として関連付けられる
・通信速度が遅くなる場合がある
・一部、接続できないWebサイトがある
・Google検索など一部サービスでhCaptchaを求められるケースが増える

お勧めのVPNサービス

Proton VPN ／最低プラン月額：無料（有料プランへの変更も可能）
→https://protonvpn.com/

VPNサービスは数多くありますが、特にアンダーグラウンド界隈では怪しいWebサイトへの接続が多いため、匿名性を高め、かつ、安全に使える「Proton VPN」というサービスの信頼性が高いとされています。

VPNは、自分の回線の安全性を簡単に高めることになりますが、特に意識することなく使えます。

インターネットで安全性の高い匿名化をする方法

@GoodAdult

前項で紹介した、インターネット上で安全性の高めるために「Proton VPN」の無料版を利用する手順を紹介します。

設定手順

まず、以下より、アプリをインストールします。

より高い匿名性を望むのであれば、捨てるためのメールアドレスを用意しておいてください（捨てメアドなどについては別項を参照）。

・Proton VPN【iPhone】
→https://apps.apple.com/jp/app/id1437005085
・Proton VPN【Android】
→https://play.google.com/store/apps/details?id=ch.protonvpn.android

❶Proton VPNアプリを開き「アカウントを作成」を選びます（図1）。
❷ユーザー名を入力し「次へ」を押します（図2）。
❸パスワードを入力し「次へ」を押します（図3）。
❹「捨てメアド」を用意しておき、回復用のメールアドレスを入力し「次へ」を押します（図4）。

38　　図1　アカウントを作成　　　　　図2　ユーザー名の入力　　　　　図3　パスワードの入力

❺hCaptchaの画面で「私は人間です」にチェックを入れます（図5）
❻アカウント作成が開始されます（図6）。
❼以上でアカウント作成が完了しました（図7）。
❽そのまま先に進むと端末へのアクセスを尋ねてくるので「許可」を押します（図8）。
❾パスコードロック画面の方はこの画面になるのでパスコードを入力します（図9）。
❿とりあえず「日本」に接続してみました（図10）。

図4　メールアドレスの入力

図5　チェックを入れる

図6　アカウント作成が開始される

図7　アカウント作成が完了

図8　許可を押す

図9　パスコードを入力

図10　日本に接続

図11　プロファイルとして保存」を選ぶ

図12　保存が表示される

⑪「プロファイルとして保存」を選びます（図11）。

⑫「新しいプロファイルを保存しました」と表示されます（図12）。

⑬【設定】→【一般】→【VPNとデバイス管理】を見ると設定されています（図13）。

　以上でVPN接続の設定が完了しました。

　これにより、特に意識することなくVPNを利用していつでもインターネットへ接続できます。

図13　設定完了

インターネットで犯罪者が特定される仕組み

@m0tz & MAD

　某大手掲示板などで「爆破予告」や「殺人予告」が書き込まれ、騒ぎになることがありますが、このようなインターネットを利用した犯罪は、ほとんどの場合、犯人が特定され、そして逮捕されています（図1）。

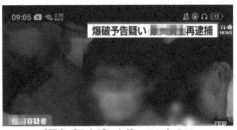

図1　爆破予告による逮捕

難しい完全匿名化

　一般的に「インターネットは匿名」といわれることがあります。

　多くの場合、一般的に自分から名乗らなければ他人から認識できないのは事実ですが「完全な匿名」ではありません。

　本書では「匿名化する方法」をいくつか紹介しています。

　しかし、匿名化するためのサービスやソフトウェアを組み合わせて身元を隠せたとしても、プロバイダに接続している以上、デジタルとアナログを複合した警察の捜査などを含めると特定される可能性が非常に高いといえます。

　まず、なんの措置もなく「インターネット上での匿名化」ができても「完全なる匿名化」が難しい理由は、インターネットの仕様にあります。

　接続元、接続先がそれぞれのサーバーに「アクセスログ（アクセス履歴）」として、さまざまな情報が自動的に記録が残され続けているからです。

記録され続けるアクセスログ

　接続元とは、スマホ（またはPCなどの端末）のことです。

　スマホがデータ通信する際、最初にキャリアとなるサーバーに接続しますが、このときに誰がアクセスしているかをスマホの固有情報なども含め、接続先に

41

個人を識別する情報が記録されます。

　接続先とは、掲示板サイトやTwitterなどのSNSなどで提供されるサーバーを指しますが、ここでも、誰がアクセスしてきたのかを記録しています。

　このサーバーへのアクセス記録が一般的にアクセスログと呼ばれます。

　アクセスログには、接続元のプロバイダの出口側IPアドレス、使っているWebブラウザやアプリの情報、サーバー接続の際に追加された情報などが記録されます。

　外部から見ることはできませんが、それぞれのサーバー管理者やサーバーを操作できる者であれば、アクセスの際、記録された情報が見られる仕組みになっています（図2）。

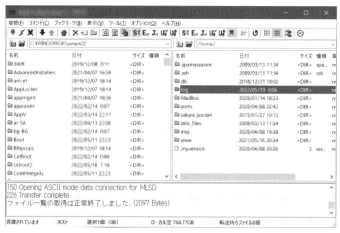

図2　アクセスログディレクトリの一例

接続者情報の開示請求

　近年の誹謗中傷などに迷惑行為や爆破予告のような事件で、相手の特定のためなど正当な理由がある場合、特定の手順を踏むことによってプロバイダに接続者情報を開示請求ができます。

・プロバイダ責任制限法
→https://www.soumu.go.jp/main_sosiki/joho_tsusin/d_syohi/ihoyugai.html

　情報開示請求があるとプロバイダは請求された内容を提出しますが「指定された時間に誰が接続していたか」「どこへ接続していたか」といった情報を保

存期間内であれば、必要な情報をまとめて提供します。

　そして、接続先へ渡す情報を最小限にしたとしても完全に「完全匿名」になったわけではなく、プロバイダ側やどこかのサーバーには個人を特定する情報を残しているケースがほとんどとなります。

　インターネット網同士を接続するにも、どこの組織とどこの組織がつながっているという情報は全て開示されていますし、IPアドレスも詐称しない限りはどこに割り当てられているかが全て管理されています。

　・JPNIC
→https://www.nic.ad.jp/ja/newsletter/No2/3.html

アクセスログ

　サーバー側のアクセスログは、全てのアクセスを記録しているので莫大な文字の羅列となります（図3）。

　ここでは、個人情報が含まれているため、画像にモザイクをかけていますが、サーバー側の生のログデータは、主に以下のような形式で記録されていきます。

図3　生のアクセスログに記録されている文字列

192.0.2.0 - - [11/Sep/2022:16:31:40 +0900] "GET / HTTP/1.1" 403 4895 "-"
"Mozilla/5.0 (Windows NT 10.0; Win64; x64) AppleWebKit/537.36 (KHTML, like
Gecko) Chrome/55.0.2853.0 Safari/537.36"

　主に、次のような情報にまとめられています。

- 送信元のアドレス：192.0.2.0
- 日付：[11/Sep/2022:16:31:40 +0900]
- 情報取得方法：GET
- 取得できたか：403（アクセス拒否）
- レスポンスのBodyの長さ：4895
- 送信元ブラウザのユーザーエージェント：Mozilla/5.0 (Windows NT 10.0; Win64; x64) AppleWebKit/537.36 (KHTML, like Gecko) Chrome/55.0.2853.0 Safari/537.36″

　本来のログの役割はこうした内容から「ユーザーのWebページ閲覧傾向の解析」や「不正アクセスが発生した場合の時刻や送信元の特定」など、対処を行うための記録です。

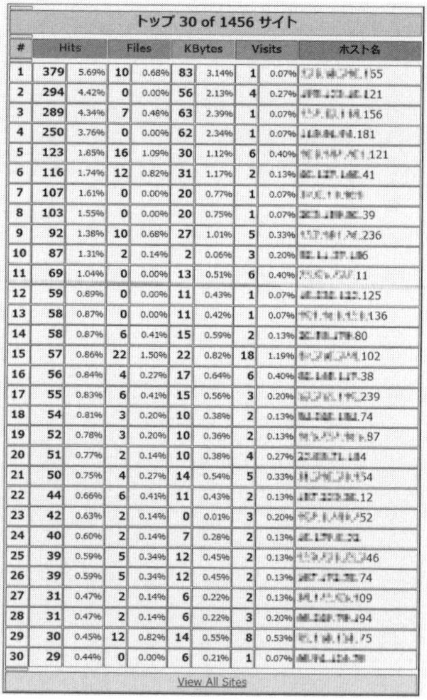

　文字だけの情報ではわかりにくいため、内容をまとめるなど処理して、ブラウザで確認するためのツールもあります。

　とあるサーバーでのログ確認画面です（図4）。

　アクセス元のIPアドレスをまとめて見たりすることができます（図5）。

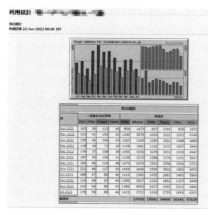

図4　サーバーでのログ確認画面

図5　IPアドレスをまとめて見られる

普段、サーバーのアクセスログについて考えることはほぼありませんが、自分のアクセス情報が心配になった方もいるかと思います。

自分のアクセス情報を確認する方法がありますので、そちらで自分の情報を確認してみてください。

・IPひろば　無料版
・https://www.iphiroba.jp/

「IPひろば　無料版」にアクセスし、画面上部にある「環境変数チェック」を押し、次の画面で「環境変数を表示」を押すと接続元の情報が表示されます（図6）。

このように、Webページにアクセスしているだけでも接続元の「どのユーザーが、どの端末で、どのWebページから、いつアクセスしてきたのか」などの情報をWebブラウザが各サーバーに渡し、記録され続ける仕様となっているのです。

図6

Chrome以外のブラウザを使う

@m0tz

PCと同じようにiPhoneやAndroidにもいろいろなブラウザがあります。

iPhoneはApple製の「Safari」が一強に近い状況です。

これは、OSに統合されているようにも見えるので、仕方ないところです。

Androidでは端末メーカーのブラウザがインストールされている場合もありますが、大抵の場合は「Google Chrome」がデフォルトブラウザになっているでしょう。

Chromeは「Chromium」というブラウザエンジンをオープンソースで公開していることもあって、このエンジンを使った派生ブラウザが開発／公開されています。

それぞれに特徴があるので、いくつか紹介します。

Mozilla Firefox（Android/iOS/PC）

→https://apps.apple.com/jp/app/id989804926【iPhone】

→https://play.google.com/store/apps/details?id=org.mozilla.firefox【Android】

「Mozilla Firefox（以下Fx）」は、古くは「Netscape Navigator」から派生したブラウザで、IEと双壁をなすほどのシェアがありました。

広告ブロックなど、他のブラウザで提供されている機能はデフォルトでは使えませんが、Mozillaの公式サイトからさまざまな機能拡張をダウンロードすることで実現可能です。

自分用にカスタマイズするには、どの機能拡張がいいかを選ぶスタイルなので、使い込むほどに使いやすくなる、そのようなブラウザです（図1）。

図1　Firefoxのデフォルト画面

Microsoft Edge（Android/iOS/PC）

→https://apps.apple.com/jp/app/id1288723196【iPhone】

→https://play.google.com/store/apps/details?id=com.microsoft.emmx【Android】

「Microsoft（以下、MS）」にはかつて悪名高き「Internet Explorer（以下、IE)」というブラウザがありましたが、一般ユーザーからは敬遠されているブラウザでした。

一方、ビジネス用としてはOSとの統一性という意味で広く使われていましたのでIEが廃止決定後に自社製ブラウザでIEの互換性を保ちつつ出す必要がありました。

一旦「Edge」はリリースされましたが評判は悪いままでした。

ここ数年のMSは、自社で囲い込む戦略をやめ、ソフトウェアの低コスト化やオープンソースコミュニティを支援など、大胆な路線変更をしています。

そして「Chromiumエンジン」を搭載して名前は一緒でも生まれ変わったEdgeをリリースしましたが、前バージョンの不評を覆すことはまだまだ難しいようで、なかなか浸透していません。「Chrome」があるので、そちらを使うというのが大多数の意見かもしれません（図2）。

図2　Edgeのデフォルト画面

Brave（Android/iOS/PC）

→https://apps.apple.com/jp/app/id1052879175【iPhone】

→https://play.google.com/store/apps/details?id=com.brave.browser【Android】

「Brave」は、元「Mozilla」のBrendan Eich氏が作ったブラウザです。

Brave自体はChromiumエンジンベースなので、Chromeでできそうなことはほぼできるようになっています。

さらに追加された機能としては、広告やトラッカーの除去、Cookie以外でのユーザー追跡阻止などを行う「Shields」や「Tor」を使った匿名通信です。

Chromeには元々プライベートウィンドウ機能が実装されていますが、Torを使った通信もメニューから新しいウィンドウを開くだけで自動的に接続してくれます。

図3　Braveのデフォルト画面

ただ、Torを通した通信では目に見えて通信速度が遅くなることもありますので用途は限られるかもしれません。

どちらも特に設定をしなくても使えるので、広告が多すぎて本来の閲覧に支障が出そうなサイトなどで利用すると快適に使えます。

また、Braveを利用することで「BAT（Basic Attention Token）」という仮想通貨を受け取ることができます。

このBATは「bitFlyer」のアカウントがあればもらうことができますし、応援しているサイトへの投げ銭にも使えます（図3）。

Opera GX（Android/iOS/PC）

→https://apps.apple.com/jp/app/id1559740799【iPhone】

→https://play.google.com/store/apps/details?id=com.opera.gx【Android】

ゲーマー向けのブラウザというふれこみのブラウザで「Opera」もIEなどがブラウザの派遣を争っていたころからブラウザを開発している会社です。

Operaは当初独自エンジンでしたが、Chromiumエンジンに変更されたあと、現在も開発は続いています。

そのOperaの派生の「OperaGX」はゲーマー向けブラウザということで通常のブラウザと違う機能が搭載されています。

ゲーマー向けの一押し機能としては、ネットワーク帯域やCPU、メモリーの制限です。

ChromeをはじめとしたChromiumエンジンを使ったブラウザでは各タブごとのメモリ使用量が多いため、非力なPCや古いPCでは快適に使えないことが

ありました。

　ゲーム中に使うブラウザなのでゲームに影響を
与えないような制限をかけられるのはいいことで
しょう。

　これ以外にゲームの発売スケジュール画面や無
料のVPN、広告ブロックなど、結構な付加価値
がついたブラウザとなっています（図4）。

図4　OperaGXのデフォルト画面

まとめ

　現状は、ほぼすべてのブラウザがChromiumエンジンを使ったブラウザと
なっていますが、特徴としては広告やCookieなどの個人情報に関する部分を
どうガードするかということが売りになっています。

　また、VPNも無料版と有料版が用意されているのでブラウザ本体とそのデ
ザイン以外にこうした用途で選べるようになりました。

　どのブラウザもChromeと同様、PCとスマホでブックマークや閲覧履歴の共
有機能がありますので、どの環境でも同じように使いたい人には便利でしょう。

普段とは違うブラウザを使う

@m0tz

ここでは「Brave」と「OperaGX」について紹介します。

さらに機能特化版ブラウザとして、Torを使った匿名通信用ブラウザのiOS用「Onion Browser」、Android用「Tor Browser」を紹介します。

Braveについて

Braveはマルチプラットフォームで利用できるWebブラウザです。

Chromeで使われている「Chromiumエンジン」を使ったブラウザなので、使い勝手はChromeと同じままで、広告ブロックなど独自の機能拡張が行われているのが特徴です。

PC版ではTorを使った匿名通信にも対応していますが、スマートフォン版（Android／iOS）では残念ながら、その機能は使えません。

今後のバージョンアップで対応されるかもしれません。

共通の機能

iOS版のメニュー（図1）とAndroid版のメニュー（図2）です。

並びが少し違いますが、基本機能のほかはBrave VPNやPC版サイト表示（iOSでは「デスクトップ版サイトをリクエスト」）があります。

ブラウザ画面のレイアウトとしては、URLバーはAndroidが上側、iOSが下側、それ以外のホームボタンや三点メニュー

図1　iPhone用のBraveのメニュー

図2　Android用のBraveのメニュー

などはどちらも下に配置されています。

「BraveWallet」は仮想通貨用ウォレットです。

iOS ／ Android ／ PCでは環境を問わず、自分がもっている仮想通貨のポートフォリオを確認できます。

利用の際にはアカウントの作成を行います。

「BraveVPN」は、Braveが提供する有償のVPNです。

月1,000円ほどかかりますので、必要に応じて契約するタイプのサービスになります。

ブラウザの話には直接関係ありませんが「ProtonVPN」のような無料でも通信ログを取らないサービスや「かべネコVPN」のように日本で提供されている有料サービスもあります。

機能とサーバー設置場所や転送速度など、接続の目的に合わせて選択してください。

- ・ProtonVPN
- →https://protonvpn.com/
- ・かべネコVPN
- →https://kabeneko.net/

また、マルチデバイス対応なので複数の端末で使いたい場合もブックマークやパスワード情報などを同期できます。

設定からQRコードを撮影するだけで連携するなど手間がかかりません。

Chromeのようにアカウントを事前に用意する必要はありません。

Android版

こちらは「Brave News」や「Brave Rewards」が利用できます。

Brave Newsは、ChromeにもあるNews機能です。

各種ニュースサイトからピックアップしたニュースの一覧で100以上のサイトから選べます。

古いニュースも混ざる可能性があるのでピックアップするサイトは多めにしておけばよいでしょう。

Brave Rewardsは「BAT（Basin Attention Token）」という仮想通貨を獲得できるものです。

獲得したBATは「bitFlyer」と接続することで自分の口座に振り込めます。

また、獲得したBATをBraveが認定したクリエイターサイトへ投げ銭もできます。

　BATは、Braveのホーム画面や通知される広告やアンケートへ回答することで獲得できます。

　獲得表示が0.1BATでも実際には1BAT振り込まれたという例もありますので、仮想通貨を貯めたいという方にもお勧めで、BATはまだそれほど高くなく、2023年1月時点で1BAT＝0.25ドル（32円）程度です。

iOS版

　iOS版には、Appleのアプリガイドラインに従った結果、残念ながらRewardsがありません。

　・iOS版に関するBraveからの公式声明
　→https://brave.com/ja/rewards-ios/）

　その代わりに「Playlist」が追加されています。

　元々、Youtubeのバックグランド再生や広告抑止ができるBraveですが、連続再生中でも画面がでていないと再生確認のダイアログが現れます。

　ダイアログが現れている間は再生は止まりますので、その都度、確認する必要があります。

　また、オフラインでも再生できるので、プレイリストを使えば音楽や動画を連続再生できます。

OperaGXについて

　「OperaGX」は「Opera」のゲーマー向け派生ブラウザで、Operaをベースにデザインや機能を調整したものとなります。

　Operaに搭載されているVPNがないので、VPNを使いたい場合は別のVPNサービスを登録するか、Operaの「VPNPro」を使う必要があります。

　Braveと同様に広告抑止機能がありますが、バックグランド再生はありません。

　おもしろいところでは、Cookie許可ダイアログをスキップする機能があります。

　Cookieの受け入れの是非をユーザーが選択するようになってから、初めて見るサイトでは、Cookie設定ダイアログが現れるようになりましたが、これ

を全て受け入れたり、拒否するなどを自動的に選択してくれます。

PC版ではApple MusicやYoutube Musicなどの音楽配信サイトと連動してBGMを流しながらブラウズする機能もあります。

画面構成としては、画面下部のメニュー表示だけでなく、ファストアクセスボタンという長押しからフリックでコマンド選択という独特のメニューが使えます。

スマホのサイズにもよりますが、片手でメニューを選べるのは非常に便利です。

iOS版では「タブ切り替え」「新しいタブを開く」「戻る」といった基本的な機能だけでなく、検索 やOperaGXの共有機能「Myフロー」への情報共有が行えます（図3）。

Android版 で は、基本機能の他にQRコード読み取りや音声検索ができます（図4）。

図3　中央のファストアクセスボタンで片手操作

図4　ファストアクセスボタン長押しでメニューが開く

QRコード読み取りはシステムメニューに統合されている機種もありますが、ブラウザ利用中にそのままQRコードを読み取れるという点では非常に便利な機能です。

リロードや「マイFlow」への共有も片手で可能になります。

そのほかには、ゲームの発売日や無料ゲームに関する情報などゲーマー向けを謳うだけあって、ゲームに特化した構成となっています。

シェイクすると壁紙などのデザインを切り替えられるというあまり使わなそうな機能もそのひとつです。

Torを使った匿名通信

Torで通信する場合は、専用のブラウザを使います（Torについては別項を参照）。

・Onion Browser【iOS】

→https://apps.apple.com/jp/app/id519296448

・Tor Browser【Android】

→https://play.google.com/store/apps/details?id=org.torproject.torbrowser

---

Webサイトへ移動するときにTorネットワークへ自動的に接続されます。

Torネットワークに接続すると複数のゲートウェイを通過するので通信速度は通常よりも遅くなります。

このあたりは制限として覚えておいてください。

検索は「DuckDuckGo」が選択されます。

想定している用途としては、あまりGoogleなどのメジャーな検索エンジンを使うことはないと思います。

まとめ

ブラウザも用途に応じて切り替えられるくらいの選択肢があります。

速度、通信量などスマホや回線が高性能化しても古いスマホを使うことを考えると、こうして種類がたくさんあるのはいいことでしょう。

ここで紹介していないものでも使いやすいものがありますので比べてみるのもいいでしょう。

消えるメッセージを使う

iPhone / Android

@DAT

セキュリティが高いメッセンジャーアプリとして「Signal」がセキュリティ界隈をはじめ、アンダーグラウンド界隈でも定番となってきています（図1）。

Signalはアメリカの政界でも認められ、その安全性の高さにおいて、数多くの著名人が愛用しているほどです。

また、国家安全保障局（NSA）を内部告発したことで有名なアメリカ国家安全保障局(NSA)および中央情報局（CIA）の元局員であるエドワード・ジョセフ・スノーデン氏が愛用していることでも有名になりました。

日本での「LINE」などと同じジャンルのメッセンジャーアプリで、使い方も変わりなく、逆にシンプルで使いやすいです。

図1　Signal

・Signal【iPhone】
→https://apps.apple.com/jp/app/id874139669
・Signal【Android】
→https://play.google.com/store/apps/details?id=org.thoughtcrime.securesms

セキュリティの高いメッセンジャーアプリ

Signalを利用するためには、相手もSignalをインストールしている必要があり、Signalでメッセージのやり取りをするためには相手の電話番号を知っておく必要があります。

日本では「LINE」が圧倒的シェアを占めていますが、セキュリティを含めた安全面では問題があるとされています。

LINEと比べると、Signalを使ったやり取りは暗号化が行われており、他者にその情報が洩れる可能性が低く、セキュリティが高いアプリとなっています。

暗号化されるやり取りは、メッセージチャットだけではなく音声通話も含まれます。

　また「消えるメッセージ」という機能もあり、一定時間が経過すると、自動的に指定したメッセージだけが削除されます。

　Signalの大きな特徴は、ユーザー同士のメッセージのやり取りにしか干渉しない「エンドオブエンドシステム（コンピュータネットワークにおいて、サーバー側から見て末端に位置するシステムまたはコンピュータのこと）」を利用しているため、他のコンピュータなどに情報が残ることがありません。

「消えるメッセージ」設定

❶消えるメッセージを設定したい相手やグループの名前とアイコン部分を押します（図2）。

❷その相手とのチャット画面になるので、左上にある相手のアイコンを押します（図3）。

❸画面中央の「消えるメッセージ」を押します（図4）。

❹希望するメッセージの表示時間を選択して、右上の「設定する」を押します（図5）。

図2　相手の名前とアイコン部分を押す

図3　チャット画面の相手のアイコンを押す

図4　消えるメッセージを押す

❺「消えるメッセージ」が設定されました（図6）。

　以上で設定完了です。

消えるメッセージの
タイマーを有効にする
ことで、相手がメッ
セージを初めて開いて
から、指定の時間が経
過すると自動でメッ
セージが消えるように
なります。

ただ、消えるメッ
セージを使われる側は、
「Telegram」同様、犯
罪のやりとりに使われ
たりすることもあるた

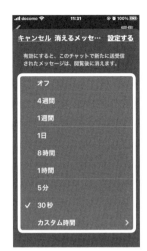

図5　メッセージの表示時間を設定する　　　　図6　設定完了

め、あまり気分のいいものではないので乱用しないことをお勧めします。

まとめ

Signalはメッセンジャーアプリとして、メッセージと通話といった最低限の
機能だけとなっています。

LINEのようなタイムライン、ゲーム、ニュースといった機能がないため、
シンプルにメッセンジャーアプリを利用したい人に向いています。

それこそ、スパイが喜びそうなメッセンジャーアプリなのですが、その安全
性により、セキュリティの専門家から国際テロ組織まで幅広い層に利用されて
います。

質問すると自然な文章が作れる
ChatGPT

@DAT

「ChatGPT」は「OpenAI」が開発した対話型AIのチャットボットです。

2022年11月に公開され、その質問に対する正確な回答や対応が話題となり、全米のニュースでも大きく取り上げられました。

ChatGPTは、大量のテキストデータを与えて、タスクを通して学習させる「大規模言語モデル（Large Language Model）」と呼ばれるAI技術を活用しています。

利用されているエンジン「GPT3.5」は、インターネット上の膨大なデータを集積し、人間からの質問に的確に回答できるように処理することができます。

IT業界ではGoogleの検索エンジンがAIの先駆者とされていますが、OpenAIの台頭により、Googleも改めてAI戦略の見直しが迫られています。

ChatGPTへのアクセス方法

ChatGPTは、Webブラウザを用いて公式ホームページからアクセスすることができ、2023年1月時点では「テスト版」として誰もが無料でアカウント登録して利用できます（有料プランは月20ドル）。

現状では、人気爆発のため混雑している場合もあるほどです。

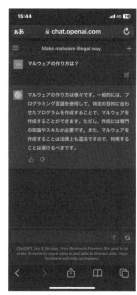

・ChatGPT
→https://openai.com/blog/chatgpt/

ChatGPTの使用方法は簡単で、画面中央下部の検索部分の欄に質問を入力するだけとなります。

ChatGPTは世界の言語に対応することができ、日本語を含めて質問した場合、日本語で回答されます（図1）。

Google翻訳のような機械的な文章ではなく、ほぼ正確な日本語の文法で回答されるので、まるで人間が回答しているかのような印象を受け

図1　ChatGPTの質問と回答の例

ます。

　入力方法に関して、特にルールはないため、質問である必要もなく、気持ちや感情を入力してもなんらかの返答があります。

　そして、ChatGPTは2023年以降も大幅に技術が向上し、AIのパフォーマンスや最新情報の更新はもちろん、クリップボードへ会話のコピーなど、機能面でもアップデートが予定されているようです。

IT業界で注目されるChatGPT

　ChatGPTは、IT業界で注目され始め、コーディングやソースコードも正確に記載し、日本語の説明付きでソースコードが返答されるので、エンジニアであれば業務レベルでも十分に活用できますし、IT業界以外でもさまざまな業種において自身のキャリアアップの一助にもなるはずです。

　業界や業種などジャンルを問わず、報告書、論文、小説、FAQ、まとめサイト、Wikipediaなどを含めて、文章の作成などに役立つはずです。

日常生活の中でも役立つChatGPT

　ChatGPTは、日常生活でも活躍する場面も数多くあります。

　テキスト形式であるため、文章をコピーしたり保存することもできますし、過去の履歴を閲覧することも可能です。

　料理のレシピを質問すると、材料や作り方を、順序立てて料理の手順が解説されますし、日常生活の中で困ったことや不明な点があれば、悩みや疑問に回答してくれます。

　長文の作成も可能なので、運営しているWebサイトなど新しいコンテンツ作りの更新時にも利用できます。

ChatGPTの問題点

　ChatGPTは、まだ公開したばかりのため、質問に対する回答も完璧ではない場合もあり、使い方によっては不満点も多く、課題は決して少なくありません。

　日本語で質問すると、おかしな単語が含まれる場合もあるので、多少の修正が必要な場合もあります。

　一般的な情報検索としての利用であれば、Google検索エンジンがまだまだ高い優位性をもっているといえます。

ChatGPTの悪用

ChatGPTの文章力は人が書いた記事とほぼ変わりなく、ChatGPTがAIで書いた記事はSEOでも効果があり、キーワード検索で上位表示されています。

例えば、意図的に偽の情報を大量に生成して、読者を間違った方向へ誘導することもできるでしょうし、国際的に暗躍するハッカーが活用すれば、世界中の言語を正しい文法で作成したスパムメールを作ることができます。

また、ハッキングなどの悪用に必要となるコード生成や脆弱性のあるコードを見つけることも可能となってしまうかもしれません。

現状では「マルウェアの作り方は？」といった犯罪につながる危険な質問を制限していますが、SCmagazine紙の記事では「セキュリティ研究者がこの制限をうまく回避することで、完璧なフィッシングメールや、ランサムウェアと同等の機能を持つソースコードをAIに回答させることに成功した」と報じています。

まとめ

OpenAIが公開するChatGPTについて、現時点では検証や簡単な調べもの、遊び感覚に近い利用に限られていますが、今後はChatGPTのAIテクノロジーが世界中で活用される可能性があります。

ChatGPTは、将来的には人と変わらないチャットボットとなり、多くの職種や企業で活用される可能性が高いです。

まだ、開始されたばかりですが、試してみてください。

iPhone **Android** パスワードが漏えいしているかを調べる

@DAT

　メールアドレスや電話番号を入力するだけで、簡単に個人情報やパスワードが漏えいしていないかを簡単に確認することができるサイト「Have I Been Pwned?（https://haveibeenpwned.com/）」の使い方を紹介します。

・Have I been Pwned」
https://haveibeenpwned.com/

　このサービスには、執筆時点では110億件以上の漏えいしたアカウント情報が蓄積されており、検索するとデータベースに一致した情報を表示してくれます。

　パスワードを確認する類似サービスは多数ありますが、無料で利用できるうえ、信頼性が高く、世界のセキュリティ研究機関や、FBIのような公的捜査機関とも連携して世界的な信用があるのが「Have I Been Pwned?」という「漏えいの可能性があるメールアドレス、パスワード、電話番号を検索して、リスクや漏えい元を教えてくれる」というWebサービスです。

　このサービスはMicrosoftの地方支配人であり、セキュリティ開発者としてMVPも受賞したことがあるトロイ・ハント氏で「誰もが自分の保有するアカウントの危険性を無料かつ簡単に調べられるようにするため、このWebサービスを作成した」とのことです。

使い方

❶まずは「https://haveibeenpwned.com/」にアクセスします。

　iPhone、Android、PC、いずれから入力しても同じ画面となります。（図１）

❷以下の２つのメールアドレスを調べてみます。

　調べるために必要となる情報は「メールアドレス」だけです。

　そこで、まずは例となるメールアドレスで試してみましょう。

（例１）hogehogo@gmail.com
（例２）hogehoge@gmail.com

図1 「Have I been Pwned」にアクセスする

図2 「hogehogo@gmail.com」と入力しボタンを押す

図3 「Good news - no pwnage found!」と表示される

❸試しに、画面中央にある白い部分の入力欄に「hogehogo@gmail.com」と入力し、右端の「pwned?」を押します（図2）。

❹画面下側が緑色になり「Good news - no pwnage found!」と表示されました。

　これは、そのメールアドレスのパスワードは安全だという意味です（図3）。

図4 「hogehoge@gmail.com」と入力しボタンを押す

図5 「Oh no - pwned!」と表示される

❺次に、画面中央にある白い部分の入力欄に「hogehoge@gmail.com」と入力し、右端の「pwned?」を押します（図4）。

❻画面下側が赤色になり「Oh no - pwned!」と表示されました。

　これは、そのメールアドレスのパスワードは漏えいしているという意味です（図5）。

❼それぞれ、いつも使用しているメールアドレスを入力して、上記のように試してみてください。

あなたのメールアドレスの調査結果

画面下の色	メッセージ内容	意味
緑色	Good news - no pwnage found!	漏えいしておらず安全
赤色	Oh no - pwned!	漏えいしており危険

　これを基準にして、パスワードを再考してみてください。

　もし、パスワードが漏えいしていたなら、すぐにパスワードを変更すべきです。

電話番号を調べる場合

　また、このサービスは電話番号でも検索可能です。

　海外サイトであるため、電話番号は「国番号」をつけて記入します。

　日本の国番号は「81」なので、電話番号の最初の「0」を取って「81」に変えて続けて入力し、先述した手順で「pwned ?」をクリックします。

日本での電話番号表記例		海外での電話番号表記例
（例1）03-1234-5678	→	81312345678
（例2）090-1234-5678	→	819012345678

　電話番号の調べ方もメールアドレスの方法と同じですので試してみてください。

 まとめ

　自分のメールアドレスが調べられるわけですから、家族や知人のメールアドレスも調べられますので、もし漏えいしていたら教えてあげるとよいでしょう。

　また、このような安全で便利な無料サービスがあるので、定期的にメールアドレスや電話番号を調べてみてください。

パスワードの強度を調べる

@DAT

パスワードを入力するだけで、パスワードの強度を簡単に確認することができるサイト「HOW SECURE IS MY PASSWORD?（https://howsecureismypassword. net）」の使い方を紹介します。

HOW SECURE IS MY PASSWORD?
https://howsecureismypassword.net

まず、作者は「これはJavaScriptでクライアント側の計算のみを実行するため、Webブラウザの外部でパスワードを転送してサーバー側のストレージなどを実行することはありません」と書いてありますが、自分が実際に使っているパスワードを入れる必要はありません。

自分が実際に使っているパスワードを入れず、それに類似した文字列を入力して実験してみてもよいでしょう。

❶まず「HOW SECURE IS MY PASSWORD?（https://howsecureismypassword. net）」にアクセスして「Please Note: This tool is now being maintained Over Security.org←」という赤いボタンを押してください（図1）。

❷例えば、パスワード「123456」で調べてみます。

❸「Instantly（瞬時に）」と赤色で表示されました（図2）。

瞬時に解析されるとなっています。

❹次に、半角英字の大文字と小文字、半角数字、半角記号を組み合わせた15文字の若干複雑な単語を組み合わせでやや複雑にした「GgleAbunai 2020?」で調べてみます。

❺「33 billionon years（330億年）」と青色で表示されました。

330億年後に解析されるとなっています（図3）。

※この数字は現時点のPCによる論理的な計算です。

いずれにしても、いつかは解析されるわけです

図1　赤いボタンを押す

が「瞬時に」と「330億年後に」を比べると、大きな違いがあります。

文字列の桁を多くすること、そして、英字（大文字）、英字（小文字）、数字、記号など、できるだけ多くの文字種を組み合わせることにより、パスワードをより安全にできることがわかります。

図2　瞬時に解析される

図3　330億年後に解読される

パスワードマネージャーの利用

@DAT

「パスワードの作成や管理が面倒だが、安全性を重要視して便利に使いたい」という方には、簡単に強力なパスワードを自動的に作成し、保存や管理をする「パスワードマネージャー」がありますので紹介します。

・1Password
→https://apps.apple.com/jp/app/id568903335
・1Password
→https://play.google.com/store/apps/details?id=com.agilebits.onepassword

1Passwordとは

「1Password」は、シンプルで安全なパスワードマネージャーで、このアプリはセキュリティ関係者にも広く利用されているほど、安全性が高いとされています。

それぞれのWebサービスごとにパスワードを追加するだけで、あとは自動的に入力を行うので、それぞれのパスワードを覚える必要がありません。

1Passwordには、スマホ用（iPhone / Android）アプリと、PC用（Mac / Windows）アプリがあります。

まずは、1Passwordは無料のお試し期間が14日あり、気にいったらサブスクリプション（月額400円程度）で使用し続けることができます。

マスターパスワードの設定

「マスターパスワード」とは、このアプリにログインするために必要なパスワードですが、これ1つで全てのWebサービスのログインパスワードが管理されます。

マスターパスワードだけは、強力なパスワードを考えて設定し、それを安全な場所に保管し、忘れないことが最も重要となります。

パスワード以外の保護

また、パスワードの入力以外にもセキュリティ機能があります。

パスワードの漏えいをチェック

重複パスワードのチェック

二段階認証が設定されていないサイトの通知

安全ではないhttpを使用しているサイトの通知

　そして、重要な情報も、1GBのオンラインストレージにまとめて安全に保管し、全てのデバイスからアクセスできます。

・クレジットカード情報、銀行口座情報

・運転免許証、パスポート

・ライセンスキー

まとめ

　さまざまな手間や時間を考えると、利便性と金額の判断次第ですが、ログインが必要となるWebサービスを多数利用されている方は、こうしたアプリを使うと便利になると思われます。

二要素認証の利用

@m0tz

「二要素認証」とは、ログインするときに2つの情報を使う認証方法です。

多くのWebサービスで、セキュリティを高めるために、パスワードと認証コードを利用しています。

認証コードの受け取り方法として「SMS」の利用があります。

その他にも認証コードをその都度、生成する認証アプリがあります。

Google製とMicrosoft製がありますが、ここでは「MicrosoftのAuthenticator」で紹介します（図1）。

図1　起動画面

・Microsoft Authenticator【iPhone】

→https://apps.apple.com/jp/app/id983156458

・Microsoft Authenticator【Android】

→https://play.google.com/store/apps/details?id=com.azure.authenticator

・Google Authenticator【iPhone】

→https://apps.apple.com/jp/app/id388497605

・Google認証システム【Android】

→https://play.google.com/store/apps/details?id=com.google.android.apps.authenticator2

Authenticatorを使う

　Google認証システムとして、Googleからも同様のアプリが出ていますが、どちらも各サービスアカウントへのログイン用アプリです。

　その付加機能として認証コード（ワンタイムパスワード）の生成機能が付いています。

❶アプリを起動するとプライバシーポリシーの同意を求められます（図2）。

❷同意すると「Microsoftアカウントでサインイン」やアカウント追加の項目が表示されます（図3）。

図2　プライバシーポリシーの確認　　　　図3　登録画面

・「Microsoftアカウントでサインイン」は、個人用のMicrosoftアカウントを登録
・「職場または学校アカウントの追加」は、会社や学校で使うMicrosoftアカウントを登録

　この2つは、MicrosoftのサイトやアプリへのログインのときにAuthenticatorを使うことでパスワード入力が省略できるようになります。

　「QRコードをスキャンします」は、二要素認証のための情報（秘密鍵）を登録します。

　これで登録したサイトでは登録後から、パスワード以外に認証コードを要求されるようになります。

　機種変更などで、すでにMicrosoftアカウントを使ってバックアップしている場合は「バックアップから復元」を選びます。

　こうしないとMicrosoftアカウントとの連携ができなくなりますのでメモを

69

とるなどして慎重に設定してください。

QRコードスキャン

図4　QRコードスキャン

図5　認証コードが表示される

図6　認証コードを入力

「QRコードをスキャンします」を選ぶとQRコードスキャナーが起動します（図4）。❸二要素認証設定をしたときにQRコードが表示されますので読み込ます。

認証コードが生成されて、表示されます（図5）。

❹表示されたコードを時間内にサイトで入力します（図6）。

図7　認証コードを非表示にする

図8　認証コードを非表示にする

70

❺以上で、Authenticatorにサイトが登録されます。

　アプリを開いたときに数字が表示されているのが気になる人は、右上の「＝」を押すと出てくるメニューから「コードを非表示にする」を選ぶことにより認証コードは表示されなくなります（図7）（図8）。

危険性のあるフリー Wi-Fiスポット

@DAT

　カフェや駅など、多くの公共施設などで提供されている「フリー Wi-Fiスポット」は、データ通信量を節約できるということもあり、非常に便利です。

　一方で「危険そう」というイメージをもっている方も増えてきたことだと思います。

　ここでは、危険性のあるフリー Wi-Fiスポットについて紹介します。

フリー Wi-Fiスポットとは

　フリー Wi-Fiスポットとは「無料で提供されているWi-Fi」のことです。

　カフェ、駅、商業施設などで提供されているので、誰でもインターネットに接続できる無線のネットワークがその代表例です。

フリー Wi-Fiスポットに潜む危険性

　外出先などでもデータ通信料を気にせず無料で使えるフリー Wi-Fiスポットですが、セキュリティ上、危険性も潜んでいるという理由を紹介します。

第三者が通信の内容を見ることができる

　そもそも、Wi-Fiには「暗号化されているもの」と「暗号化されていないもの」が存在しています。

　暗号化されていれば、簡単には解読できない状態で通信されるので安全なのですが、暗号化されていない場合「悪意を持った第三者が通信を盗聴して傍受する」ということが可能となります。

　多くのフリー Wi-Fiスポットは無料であり、利便性を高めるために適切なセキュリティ対策が施されていない場合もあり、そのためフリー Wi-Fiスポットには危険もあるという認識が必要です。

　ただし、大手携帯電話会社の提供しているフリー Wi-Fiスポット（0000docomoなど）はセキュリティ的には安全性が高いです。

フリー Wi-Fiスポット的なネットワークに接続してしまう

　スマホなどでフリー Wi-Fiスポットに接続する場合、接続先のフリー Wi-Fiスポットのネットワーク名を選択する必要があります。

そこで、例えば同じ名前のWi-Fiスポットが2つあった場合、どちらが安全で、どちらが危険なのか、この名前から見分けることは困難です。

つまり全く同じ名前の場合、判断することができません。

特に暗号化されていないフリー Wi-Fiスポットの場合、それをいいことに悪意のある第三者がフリー Wi-Fiスポットと同じ名前のWi-Fiポイントを作成して、利用者を誘導する可能性もあります。

それに気づかずに利用者がアクセスしてしまった場合、不正アクセスなどのトラブルに遭う可能性があります。

公共の場で提供されるWi-Fiは危険なのか

「フリー Wi-Fiスポットは暗号化されていない場合は危険」だと紹介しました。「カフェなどのフリー Wi-Fiスポットでもパスワード入力が必要なものは安全」と思うかもしれません。

しかし、暗号化されているという面ではセキュリティが高くなっていますが、気をつけないといけないことがあります。

それは「パスワードが共有されているフリー Wi-Fiスポットも危険が潜んでいる」ということです。

パスワードが共有されているということは、暗号化するための「鍵」を第三者も知っているということであり、同じ鍵を使って盗聴した内容を解読されてしまう可能性があるからです。

フリー Wi-Fiスポットを安全に使う例

フリー Wi-Fiスポットを安全に使うためには、予め利用するためのルールを設けておくことが効果的です。

フリー Wi-Fiスポットを安全に利用するための方法や設定は以下の通りとなります。

- ・VPNサービスを活用する
- ・Wi-Fiの自動接続機能を「OFF」にしておく
- ・フリー Wi-Fiスポットに接続する場合は鍵マークを確認する
- ・「https」から始まるサイト以外のアクセスを避ける
- ・ログインが必要、また、個人情報のやり取りが発生するサービスの利用を避ける
- ・クレジットカード情報や個人情報の入力が必要なサービスの利用を避ける

スマホなど常にネットワークに接続される機器を日常的に利用している現代では、フリー Wi-Fiスポットの存在はとても便利に感じられます。

　しかし、無料であるということは相応のリスクが潜んでいる可能性を意識しておく必要があります。

　フリー Wi-Fiスポットの利便性とリスクの双方を把握したうえで、適切に利用してください。

スマホの危険なアプリの見分け方

@DAT

　電子マネー、チケットレス化など、日常でスマホが果たす役割はどんどん高まってきていますが、ここで問題となるのはセキュリティです。

　スマホには、多くの個人情報が記録されており、この情報を簡単に抜き取る手法の1つが「危険な不正アプリ」です。

　ここでは、不正アプリの被害に遭わないために注意すべき点を紹介します。

危険な不正アプリは偽装している

　不正アプリはさまざまなアプリを装っており、例えば有名ゲームアプリに偽装したものは、有名なアプリの名前を使い、アイコンも同じで一見するだけでは判断が難しく、これらをインストールしてしまうと遠隔操作をされたり、ほかの悪質なアプリまでインストールされたりなどといった事例が数多くあり、インターネット上では危険なアプリランキングまで存在しています（図1）。

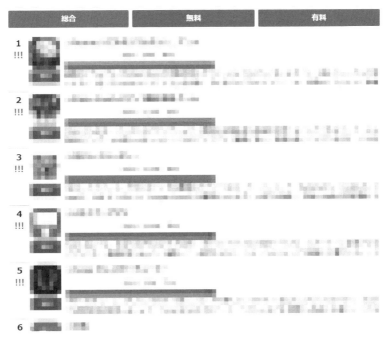

図1　危険なアプリランキング

App storeやGoogle Play以外からはダウンロードしない

　スマホのセキュリティ対策として「App storeやGoogle Playなど、公式のアプリストア以外からはできるだけダウンロードしない」ということも重要です。

　広告やSMSなどから誘導されたWebサイトでは、不正アプリをインストールしてしまう場合がありますが、こうしたWebサイトでは「ウイルスに感染しました」また「システムエラーが発生しました」などといった利用者を焦らせるアラートなどを表示して、対策アプリのダウンロードを促してくる場合もあるので、冷静さを失ってインストールさせられてしまう可能性があるからです。

公式サイトにあるアプリであっても注意が必要

　App storeやGoogle Playなどの公式のアプリストアを利用すると高い安全性が保たれるはずですが、こういったサービスの審査をすり抜ける悪質なアプリも存在しています。

　特にAndroid端末向けのカメラ、ゲームなどのアプリに偽装した不正アプリがGoogle Play上に複数公開されていたことも確認されており、この不正アプリは端末内情報を窃取したり、偽の広告でフィッシングの配布サイトへ誘導したりします。

対策

　こういった不正アプリのインストールへの対策は、いくつかあります。

・インストールする前に開発元を確認してインターネットで検索する
・アプリの権限にも目を通す
・必要がないアプリで個人情報に関する権限を求める場合「拒否」する
・アプリに必要としない権限は与えないようにする

スマホに現れるウイルス感染の偽警告

@DAT

Webサイトを閲覧していると、いきなり警告のアラートが表示されることがあります（図1）。

これらは主に「フェイクアラート」と呼ばれ、その大半が偽物の警告で、ユーザーの気づかないうちに個人情報を送信させたり、課金を行わせる「詐欺行為」で文面は多種多様です。

このような警告に遭った場合、パニック状態になりリンクやボタンを押してしまいがちで、その後も不安になる方も多いはずです。

ここでは、偽物の警告の見分け方や適切な対処方法について紹介します。

図1　警告画面の一例

フェイクアラートには反応しないこと

こうした警告や通告は、たまたまアクセスしたWebサイトがフェイクアラートを表示する偽物のサイトだったなどといった理由が考えられます。

その多くがフェイクアラート系だと考えて問題ないでしょう。

ただし、そうしたWebサイトは危険なので、なにもせずにウインドウを閉じてください。

偽ウイルス感染の警告の対処法

もし、偽ウイルス感染の警告が気になるのであれば、次の対処法を試してみるべきです。

・翻訳されたおかしな日本語に注意する

・なりすましのSMSに注意する

・怪しいURLは開かない

・ネットワークへのアクセスを切断し、再接続する

もし、ウイルス感染が不安な場合は、無料のセキュリティソフトなどをインストールしてスキャンをかけて確認し、駆除してください。

フィッシングメールの危険性

@DAT

　企業やECサイトで使用している配信メールを偽造して送りつけ、ランサムウェアなどのウイルス感染や、個人情報の取得などを目的としたフィッシングサイトへ誘導するなど、手口は巧妙化し、被害が拡大しています。

フィッシングの実際

　某大手クレジット会社からと思える電子メールを受信しました。

　よくできた文章や画像が使われ、一見すると正規の案内のように見えますが、このメールが偽物であることを示す明らかな兆候がいくつか見られました（図１）。

　筆者は某大手クレ

■ 銀行

本メールはドメインの運用（メール送受信やホームページの表示）に関わる
重要な通知となります。

いつも ■■■■ をご愛顧いただき、ありがとうございます

先日、会社のカードのお支払い情報が変更されたことが利明いたしましたが
フォローアップするまでの間、カードは一時的にロックされているものと思われます
当方の運営でしたら個人予約情報を更新してください
この間、ご迷惑をおかけしますがご容赦ください

■ 変更をご 方法

　　■■■■ ID・パスワードの変更
　　https:// ■■■ /index.heml

■ 注意事項

※変更後、48時間以内に発効する必要があり、期間中は使用できません。
※カードの個人情報によっては電話で連絡する場合もございます。。
※正確な情報は必ず記入してください

図１　届いたメール

ジット会社のクレジットカードをたまたま利用していなかったのですが、もしこの会社のクレジットカードを持っていたとしたら、電子メールを開き、リンクをクリックしてしまうことも理解できます。

　この文面は危機感を煽り「カードが不正に使われているので問題を解決しなければならないので開かないと」と工夫されており見分けがつきません。

　ただし、冷静に見るといくつかの疑問点があります。

・大手クレジット会社は顧客が誰なのか知っているはず
・ドメインネームが違っていて怪しい

　不特定多数のターゲットを狙い、悪意のある第三者がこうした電子メールを送信していることがわかります。

フィッシングを見分けることは難しい

　悪意のある第三者が、クラウド上のコンピュータを使えるようになり、情報漏えい事件によって多数の個人情報が出回るようになりました。

　さらに、近年のサイバー攻撃から得られた資金は、サイバー犯罪ビジネスへと流出しています。

　大手クレジット会社になりすましたフィッシングメールに、漏えいしたデータから得られたカード保有者の名前と下4桁のカード番号などが記載されていたとしたら、受信者がリンクを開いてしまう危険性は極めて高まるでしょう。

フィッシング攻撃に関する注意点

　以下に、フィッシングメールを特定するための内容を紹介します。

- ・電子メールアドレスにある送信元のドメインネームを確認する
- ・個人に宛てた電子メールではないものはリンク先を開かない
- ・文法やスペルにミスがあるものはリンク先を開かない
- ・関わりのない企業から送信されたものはリンク先を開かない
- ・緊急の行動を促すものはリンク先を開かない
- ・取引を確認するためにログインを求めるものはリンク先を開かない
- ・添付ファイル付き電子メールは添付ファイルを開かない
- ・請求書や通知を伴うファイルは安易にリンク先を開かない
- ・該当している会社に連絡して確認する

まとめ

　電子メールが本物か偽物か判断がつかない場合には、メッセージや受信箱に重要な情報を冷静に確認し、慌てずに、該当している会社に連絡をして、その情報が正しいか問い合わせてみてください。

文字列の見間違いを利用した攻撃

@DAT

本書では「フィッシングメールは、本物サイトそっくりに偽装したフィッシングサイトにユーザーを誘導して、個人情報を盗んだりする」と紹介しています。

その誘導に使うリンクに、識別のしづらい文字を意図的に使って置き換えたURL（アドレス）を作り、詐欺サイトなどへ誘導する手口があります。

このURL偽装のことを「ホモグラフ攻撃」と呼びます（図1）。

図1　www.googie.comの場合

ホモグラフ攻撃とは

例えば、アルファベットの大文字の「O（オー）」と「数字の0（ゼロ）」や「小文字のl（エル）」と「大文字のI（アイ）」などがよく似た文字ですが、これらを入れ替える偽装で、一瞬では気付かないケースが大半です。

例えば「www.google.com」を例にすると、以下のように偽装されます。

```
www.google.com
www.googie.com
WWW.G00GLE.COM
```

❶小文字のl（エル）が大文字のI（アイ）になっている
❷小文字のl（エル）が小文字のi（アイ）になっている
❸大文字の0（オー）が数字の0（ゼロ）になっている

このようなドメイン名でURLを作り、フィッシングサイトに誘導します。
試しに、アクセス元を偽装して、上記のURLにアクセスしてみたところ、

怪しく見えるWebサイトでしたので、一般の方は絶対にアクセスしないでください。

　初めてアクセスしなければならない怪しいWebサイトなどがある場合は、別項で紹介している「Virus Total」などのWebサービスでリンク先などを調べるようにしてください。

スマホのハッキングを確認する方法

@DAT

　スマホのハッキングの兆候に気づいた場合、マルウェアを除去するための方法について紹介します。

　iPhoneやAndroidなどのデバイスの登場により、スマホは大きく進化しています。

　通話やメッセージ送信に始まり、写真の撮影、電子メールの送受信、ソーシャルメディアでの利用、電子マネーや銀行アプリに至るまで大きな進化を遂げていますが、これらの情報は、常に攻撃者から狙われる対象となっています。

　それらの個人情報などはフォーラム系のWebサイトからダークウェブなどでのデータ販売、なりすましや詐欺に至るまで、犯罪目的に利用されます。

スマホがハッキングされる主な仕組み

　ターゲットの端末をハッキングする方法としてよく用いられているのが、悪意のあるリンクや添付ファイルを含むスパムメールやフィッシングメールです。

　添付ファイルやマルウェアが端末にダウンロードされるリンクを押してしまうとマルウェアに感染し、攻撃者により不正な操作が実行されます。

　また、偽のWebサイトを用いる方法もあり、有名なブランドや組織になりすましたWebサイトが用意され、悪意のあるリンクが設定されており、リンクを押すと、端末にマルウェアがダウンロードされてしまいます。

　そして、偽の暗号資産アプリの配布も多くあります。

　これらは、ランサムウェア、スパイウェアなどをダウンロードさせられることになりますが、これらのアプリは非公式のアプリストアで配布されていることが大半です（図1）。

スマホが危険な状態であることを確認する方法

スマホが危険な状態である可能性を示す症状がいくつかあります。

- ・通常よりも早くバッテリーが消費される
- ・インターネットをしているだけでデータの通信量が急激に増える
- ・GPS機能やインターネット接続が勝手に有効化／無効化される
- ・無関係な広告が表示される
- ・見知らぬアプリがインストールされている

このような症状がみられる場合は注意が必要です。

スマホがハッキングされた場合の修復

スマホがマルウェアに感染していることが確認された場合、問題を特定し、除去する必要があります。

一般的に、感染したデバイスからマルウェアを除去するには、自動と手動での方法があります。

自動の場合は、セキュリティソフトなどでスキャンし、除去することが可能ですが、手動での除去は、マルウェアにアンインストールできない機能などが組み込まれていることが多いため、かなり複雑で困難なものとなります。

マルウェアからスマホを守る方法

マルウェアに感染するリスクを軽減する手段しか方法がありませんが、注意深く行動することで、これらの脅威から身を守ることは可能です。

- ・常にOSとアプリを最新バージョンにアップデートする習慣をつける
- ・セキュリティソフトを導入する
- ・感染した場合に備え、バックアップしたファイルを別に保管しておく
- ・サイバー犯罪者が用いる大まかな手口を知っておく

怪しい添付ファイルやWebサイトを事前に調べる方法

iPhone / Android @DAT

　リモートワークなどで仕事をしていると、仕事に関係のありそうなファイルがメールに添付されていたり、記載されているURL（アドレス）がよくわからず、不審に思うことがあります。

　ここでは、Google傘下の会社が無料で運営している信頼できるマルウェアやURLの検出サービス「Virus Total」を紹介します（図1）。

図1　Virus Total

・Virus Total
→https://www.virustotal.com/gui/home/upload

Virus Totalとは

　英語サイトですが、メインの検出サービス部分は日本語化されています。

　このサービスでは、不審な添付ファイルや、不審なURL、ドメインやIPアドレスなどを指定して、ウイルス／ワーム／トロイの木馬などの数多くのマルウェアを検出することができます。

　マルウェアの検出は、アンチウイルスソフトを入れておけば自動的に検出されますが、Virus Totalの場合、単一のアンチウイルス検出エンジンではなく、主要なアンチウイルスエンジンを使っているため、単独のアンチウイルスエンジンを使っているアンチウイルスソフトよりもマルウェアの検出精度が高いとされています。

　これから閲覧しようとするWebサイト調べたり、メールに添付されてきたファイルを調べるには便利なサービスです。

Virus Total利用の注意点

　Virus Totalでは、検出されたマルウェアを駆除する機能はありませんので、もし発見された場合には、駆除ツールやアンチウイルスソフトなどでスキャンした上で駆除する必要があります。

　ただし、ファイルをアップロードして調べる場合、個人情報や機密情報などコンフィデンシャルな情報が含まれたファイルをアップロードする場合は注意が必要です。

　また、有償版もあり、こちらは、より高度な検査を高速にすることも可能となっています。

Cookieの拒否と削除

@DAT

インターネットでさまざまなWebサイトを閲覧していると「当Webサイトは快適な閲覧のためにCookieを保存しています」といった旨の画面が現れることがあります（図1）。

下まで読むと「Cookie受け入れる」「Cookieを拒否する」「Cookie設定」などと表示されていますが、単に閲覧をしているだけで相応の理由がない限り画面上にある「×」を押すか「Cookieを拒否する」を押すこともお勧めします（図2）。

Cookieは、サイト閲覧やSNSなどの利用時に毎回ユーザーIDやパスワードといった情報を入力なしでログインできるなど便利なものですが、使い方を知らないと思わぬ被害を受けてしまう可能性もあります。

図1　Cookieの保存を促す画面

図2　Cookieを拒否する

Cookieとは

「Cookie（クッキー）」とは、Webサーバーに預けておくための「小さなファイル」のことで、Webサーバーに初めて接続した際、Webサーバーが、そのWebサーバー専用のCookieファイルを作成します。

Cookieは主に、以下の目的で利用されます。

❶ECサイトでの利用
❷フォーム画面での利用
❸広告での利用
❹アクセス解析での利用

❶Cookieはログイン情報やショッピングなどでのカートの商品などの情報を保存でき、Webサイトにログインしたまま閉じてしまっても、再度訪れたときに再度ログインする必要がなくなるため、非常に便利な機能です。

❷Cookieは過去に入力した情報を保存することが可能です。メールアドレスや住所などは長いので、自動的に候補として表示してくれるため、入力する手間を省けます。

❸Cookieの情報を把握すると、ユーザーの閲覧履歴から興味のある傾向がわかり、ユーザーごとにピンポイントで広告を打てるので、成約率の向上が見込め、過去にWebサイトを訪問したかどうかの確認も可能です。

❹CookieではWebサイトの閲覧数だけでなく、滞在時間やページ遷移などを把握でき、解析結果を元にWebサイトの弱点を改善すれば、アクセスを増やすことが可能です。

このように❶と❷はユーザーにとって有益なのですが、❸と❹では、Webサイト側にとってのみ有益な情報となります。

Cookieの危険性

Cookieは便利な機能ですが、危険性もあります。

❶共有デバイスによる情報漏えい
❷Tracking Cookie
❸セッションハイジャック

❶Cookieは、Webサイトから送られてくる情報をデバイスに保存します。複数人が使用する共有デバイスでCookieを保存したままにすると、第三者に悪用される危険があり、特にクレジットカード情報などは、不正利用される可能性があるため、共有デバイスを利用した後は、Cookieを削除する必要があります。

❷ユーザーのアクセス履歴を追跡することから「Tracking Cookie」と呼ばれており、CookieはWebサイトの他に画像に対する設定なども可能で、人によってはプライバシー侵害でもあるため、設定するときには注意が必要です。

❸セッションハイジャックとは、悪意のある第三者がセッションIDを盗取して、本人になりすまして通信を行うサイバー攻撃の一種であり、Cookieの情報を盗まれることでも起こります。

Cookieの削除

iPhone

　Webサイトの履歴やCookieを消去する方法は以下の通りとなります。

【設定】→【Safari】

　ここで「履歴とWebサイトデータを消去」を押します。

　なお、履歴、Cookie、閲覧データをSafariから消去しても、自動入力の情報は変更されません。

Android

　Chromeアプリを起動します。

【：】→【履歴】

　ここで「閲覧データを削除」を押し「CookieとWebサイトデータ」にチェックを入れて「削除」を押します。

　また、1日の削除から全データの削除まで選択できます。

　ただし、全てのCookieを削除すると、これまで入力しないで済んでいた全てのWebサイトで再入力が必要となりますので慎重に削除してください。

安全なWebサイトと安全でない Webサイトの違い

iPhone
Android

@DAT

インターネットでWebサイトを閲覧していると、たまにアドレスバーに「安全ではありません」と表示されるWebサイトを見かけます。

ここでは、一般的にいわれている「安全なWebサイト」と「安全でないWebサイト」の違いについて簡単に紹介します。

「http」と「https」の違い

URL（アドレス）の先頭にある「https」と「http」という文字列自体に違いがあります。

| https://xxxxxxxx.com | 安全な接続のWebサイト |
| http://xxxxxxxx.com | 安全ではない接続のWebサイト |

スマホとWebサイトがやり取りをするときの通信の種類がいくつか存在しているのですが「http」や「https」とはこの通信種別のことを指した名称です。

| https | 暗号化されている | 「鍵」マークが表示される |
| http | 暗号化されていない | 「安全ではない」と表示される |

https

httpsの「s」は「secure」という意味で、https通信において暗号化を行い、安全性を高めており、これは「SSL」と呼ばれるプロトコル（手順）により、Webサイトへの接続時の安全性が高められています（図1）。

http

httpはWebサイトを閲覧するときには「データが暗号化されていない」という状態になっており、悪意のある第三者にこの通信データが傍受された場合には、通信内容が漏えいしてしまう可能性があります（図2）。

名前の通り、http通信のセキュリティを強化したバージョンとなっていますので、https通信の方が安全な通信となります。

ただし、この違いはスマホとWebサイト間の通信が安全ということであるため「鍵」マークが表示されるからといって、全てが安心というわけではありません。

それは、通信相手が悪意のある第三者だとデータを守ることができないからです。

ただ、httpsになって

図1　httpsのWebサイト

図2　httpのWebサイト

いる場合は暗号化通信ができるため、第三者による盗聴のリスクは確実に下がります。

まとめ

ここではhttpsとhttpについて紹介しましたが、これらはあくまでも接続方法の違いについてであるため「httpで始まるWebサイトだから全てが危険」というわけではなく、優良な情報を掲載したWebサイトは数多くあります。

インターネット初心者の方は、このあたりにも目を向け、コンテンツの内容など注意しながら閲覧する必要があります。

位置情報機能についての基礎知識

@DAT

近年のスマホには、位置情報機能が標準装備されており、GPS衛星と通信を行うことで正確にそのスマホがある位置を知ることができます（図1）。

位置情報機能は、知らない間に現在位置が漏れるなどの危険性が懸念されますが、それでも位置情報機能があると、さまざまなメリットがあるため大半の方が利用しています。

図1　写真に記録されている情報の一部

便利な位置情報機能

GPSを用いた位置情報機能は、うまく利用すればとても便利な機能です。

・地図アプリでカーナビ代わりになる
・歩行中も道案内ができる
・スマホの紛失時も探しやすい
・位置情報ゲームを楽しめる
・写真撮影と同時に位置情報と日付けなどを記録できる

位置情報に潜むリスク

位置情報機能にはメリットがありますが、その一方でリスクが潜んでいることも各方面から指摘されています。

・写真からの位置情報漏えい
・Webサービスを経由して位置情報が知られてしまう

・共有設定により位置情報が共有される

写真の位置情報を確認する方法

　カメラアプリは設定によって、撮影時に位置情報と日時を同時に記録しますが、これは「Exif」という機能があるからです。

　カメラの機種や撮影時の条件情報を画像に埋め込んでいる情報の一部です。

　ここではすでに撮影した写真より位置情報の記録を確認して、該当する写真から位置情報のみを削除するアプリを紹介します。

iPhone

・Photo Check 【iPhone】

→https://apps.apple.com/jp/app/id680079587

Android

・Photo EXIF Editor 【Android】

→https://play.google.com/store/apps/details?id=net.xnano.android.photoexifeditor

　大半の大手SNSにアップロードした写真ではExif情報が削除されていますが、Blogなどのサービスによっては Exif 情報が削除されていない場合もありますので、自宅などから写真を Blog などのサービスにアップロードする場合は、Exif 情報を削除してからアップロードするなどの注意が必要です。

LINEでマイQRコードを簡単に交換する

@DAT

　日常で「LINE」のアドレス交換はどちらかの「マイQRコード」が必要となる場合がありますが、普段からLINEをあまり使ってない人は自分のマイQRコードの出し方がわからないことがよくあります。

　ここではマイQRコードを簡単に出す方法を紹介します。

LINEアプリ上で一般的なマイQRコードの出し方

　例えば、iPhoneでのLINEアプリ標準のマイQRコードの出し方を紹介します。

【LINE】→【ホーム】→【設定】→【プロフィール】→【マイQRコード】

　このように階層の奥深くにアクセスしなければなりません。

　次に、簡単なマイQRコードの出し方を紹介します。

スマホで簡単なマイQRコードの出し方

　方法は至って簡単で、LINEアプリのアイコンを0.5秒ほど長押しするだけです。

❶LINEアプリのアイコンを0.5秒〜 0.75秒だけ長押しをします（図1）。

　※1秒以上長く押し続けていると、アイコンが編集モードになってしまいますので、その際はホームボタンを押して編集モードを解除して、再度試してください。

❷するとメニューが表示されますので「QRコードリーダー」を押します（図2）。

❸QRコードリーダー下部の「マイQRコード」を押します（図3）。

❹マイQRコードが表示されたら、これを相手のカメラに向けることにより、相手のカメラがQRコードを自動的に読み込みますので、LINEのアドレスを簡単に交換することができます（図4）。

図1　アイコンを1秒ほど長押し

図2　メニューが表示される

図3　マイQRコードを押す

図4　マイQRコードが表示される

 まとめ

　このように簡単にマイQRコードの交換ができるようになりました。

　なお、手順❸の段階で、相手がマイQRコードを出してくれたなら、その場で自分のカメラを向けることで相手のマイQRコードを読み込むことも可能です。

各種SNSサービスのフォロワーを買う

@DAT

SNS（Twitter、Instagram、TikTok）のフォロワーはコツコツと積み上げ、増やしていく方法が一般的ですが、一気に大量のフォロワー数を安価で増やせる方法があるので、ここでは「Twitter」を例にして、各種アカウントがあることを前提に紹介します。

フォロワー数を増やす方法

対価が必要ではありますが「ヤフオク」で買うのが確実で手っ取り早いです。

一昔前は、芸能人や政治家のアカウント開設時にフォロワーの水増しなどで、こうした業者が暗躍していました。

・ヤフオク!【iPhone】
→https://apps.apple.com/jp/app/id356968629
・ヤフオク!【Android】
→https://play.google.com/store/apps/details?id=jp.co.yahoo.android.yauction

これらの販売者はヤフオクアプリから「Twitter フォロワー」などで検索するとヒットします（図1）。

開くと、このような内容となっています（図2）。「TikTok」や「Instagram」も同様にフォロワーが出品されています（図3）（図4）。

このようにSNSアカウント販売業者が常に一定数存在しています。

フォロワーを増やすにあたって業者側に伝えるのは、アカウント名のみで、パスワードは伝える必要なく、あくまでも外部からターゲットアカウントにフォロワーを増やしていくという仕組みです。

これらを実験した結果、指定人数にもよりますが、フォロー時間を一定時間おいて間引きながら一週間程度で指定人数に達します。

図1　フォロワー販売者

図2　1,000人で7,990円

図3　TikTok

図4　Instagram

 まとめ

　これらはSNSの規約違反に該当する可能性がありますので、あくまでも自己責任で利用してください。

　また、類似のサービスとして、YouTubeチャンネルやTwitterの「いいね」を大量に押すサービスなどもあります。

自分の知識を販売する

iPhone / Android

@DAT

誰でも「自分だけの得意な知識」というものがあるはずです。

その表現ができるのであれば、それらをテキスト化して販売できるWebサービスがあります。

しっかりとしたコンテンツの文章を書き、気長に続けて信頼を得れば、アフィリエイトを含め、小遣い稼ぎ程度にはなるはずです。

・note
→https://note.com/

Blogを兼ねた、書籍を販売できる交流系のBlogサービスです。
Amazon以外のアフィリエイトが禁止されており、シンプルで読みやすいサービスとして人気があります（図1）。

・Brain
→https://brain-market.com/

情報商材として「知識をまとめたモノ」を販売するWebサービスです。

マルチ商法的な情報の販売も多く、批判はあるものの商材を高価な価格で売れます（図2）。

図1　note

図2　Brain

インターネットで使える 使い捨てのクレジットカード @GoodAdult

英国の金融サービスの「Revolut」は、国内外での安価で安全な送金サービスを中心に、決済や金融商品取引など、お金にまつわるさまざまなサービスを世界35以上の地域に提供しています（図1）。

図1　Revolutのメタルカード

Revolutのメタルカードの使い方

Revolutのメタルカードの基本的な使い方は、iPhone、Androidのアプリをインストールしてアカウントを作成し、本人確認をしてクレジットカードまたは銀行口座からアカウントに入金（チャージ）することで各種サービスを利用できるようになります。

基本的な使い方は入金したお金で支払いすることになります。

サービス利用開始に最低金額である2,000円をチャージすると、インターネットでの支払いを可能にするバーチャルカードの発行のほか、店舗での支払いやATMでの出金を可能にする現実的なカードの発行も可能です。

メタルカードの利用法

申し込みから1週間ほどすると航空便で届きます。

表面には名前のみが刻印されており、背面には非接触対応を意味するマーク、カード番号、有効期限などが印刷されいます。

メタルカードでも問題なく非接触決済をすることが確認できます。

ICカードとしても利用できるので、非接触非対応の決済端末でも問題ありません。

Revolutをスマホで活用してみる

決済機能として、スマホでの使い方は2つありますが、そのうちの1つが「バーチャルカードの発行」です。

バーチャルカードは無料で即発行できるオンライン決済向けの「Visaプリペ

イドカード」という位置付けで、通常のバーチャルカードの他に「Disposable Virtual Card」つまり「使い捨て」のバーチャルカードというのも発行できます。

　1度だけの利用に限定したバーチャルカードというわけですが、その利用目的としては、海外通販を含む普段利用しないオンラインサイトでの買い物などの利用です。

　使ったカードは破棄されるため、番号が流出したとしても被害は最小限で済み、カード自体の悪用が不可能となります。

カードを利用した場合、通知が届く

　それ以外にもセキュリティ的には、カードを利用した場合、Revolutは即座に通知が届き、買い物をした店舗や金額だけでなく、残高が減少していた場合の通知や、決済の失敗理由が説明されます。

　そして、スマホならではのもう1つの使い方が「モバイルウォレットへの登録」です。

　執筆時点で日本国内では、Apple Payに未対応ですが、Google Payには登録することでスマホを使った「NFC決済」が可能となります。

　ICカードのみ受け入れる店舗がありますので、メタルカードの持ち歩きは必要ですが、いざというときには、手持ちのスマホだけで支払いを済ませられます。

まとめ

　将来はApple Payにも対応する可能性もありますし、現状ではGoogle Payに登録することでスマホを使った「NFC決済」は可能です。

　執筆時点で日本の場合は上限金額が10,000万円に設定されており、これを超える金額の場合には非接触決済は通らないなどの課題はあるものの、進化が楽しみな新しいタイプのクレジットカードです。

安全にスマホ決済を利用する

@DAT

　現金を必要しないで簡単に支払えるスマホ決済に関心はあるが、その安全性が気になるという方も多いと思います（図1）。

　スマホ決済と聞くと、最近では「○○ペイ」を思い浮かべる人が多いと思いますが、以前からある「Suica」や「楽天Edy」などもスマホ決済サービスにあたります。

　ここでは、スマホ決済の種類やメリットとデメリットとスマホ決済での危険性と、その回避方法を紹介します。

図1　簡単に支払えるスマホ決済

スマホ決済の種類とセキュリティを知る

　スマホ決済は、種類の多さやセキュリティがわかりにくいです。

　ここでは、スマホ決済を大きく2つの種類に分け、それぞれの方式を採用している決済サービスとセキュリティについて紹介します。

NFC決済

　スマホをレジなどの端末にスマホをかざすことで簡単に決済が完了する方式を「NFC決済（非接触型決済）」と呼び、その特徴は「アプリを起動する」といった動作がいらず、決済時間が短いのがメリットで、以下のようなサービスがあります。

- Suica
- Edy
- Google Pay
- Apple Pay
- おさいふケータイ

NFC決済のセキュリティ対策

NFC決済のセキュリティ対策には、機密情報を暗号化する技術が用いられているため、スマホやクラウド上に登録されたクレジット情報などは暗号化され、決済後すぐに破棄されるため、店舗側には情報が残りません。

情報漏えいや不正利用などのリスクが低く、安全性が高いです。

QRコード決済

「QRコード（二次元バーコード）」を表示してレジなどで読み取ってもらったり、スマホのカメラを使ったりしてQRコードを読み取り決済するサービスですが、旧機種や安価なスマホでも対応可能で、店舗側のコストも低いというのが特徴です。

QRコード決済を導入している店舗が多いのが大きなメリットで、以下のようなサービスがあります。

- PayPay
- LINE Pay
- d払い
- 楽天Pay
- メルペイ

QRコード決済のセキュリティ対策

縦と横の2方向に情報を記録する二次元バーコードに変換されており、店舗側でカード番号や個人情報を識別することはできませんし、スマホ上に示されるQRコードの期限は数分間しか有効でないため、不正利用される可能性は低いです。

スマホ決済に用いられる支払い方法

スマホ決済に用いる支払い方法は、以下の方法があります。

- 事前入金方式（プリペイド、チャージ）
- 即時支払い方式（リアルタイムペイメント）
- 後払い方式（ポストペイ）

スマホ決済のメリットとデメリット

「スマホ決済は手軽」という以外にも多くのメリットがありますがいくつかの
デメリットもあります。

メリット

・決済が簡単なので時間を短縮できる
・ポイントが貯まりやすくお得感がある
・友人や知人間で個人送金が可能
・決済手段が豊富で自由に選択できる
・比較的高度なセキュリティが採用されている

デメリット

・使える場所が限られている
・スマホの充電が切れたら使えない
・利用前の登録手続きが必要になる

スマホ決済の危険性

インターネット犯罪の手口は日々巧妙化しており、さらには企業における大
規模な情報漏えいなど、利用者では対応しきれないほどの危険性を含んでいる
ため、スマホ決済の決済手段の特徴を理解し、まずは利用者側ができる限りの
対策を行うことが必要となります。

スマホ決済で気をつけたい不正利用

スマホ決済には、十分なセキュリティ対策がとられていますが、これまで不
正利用されたことがないわけではありません。

・偽造QRコードによる不正利用
・サービスのセキュリティのバグを利用した不正利用
・公式サイトに似せた偽サイトでIDとパスワードの入力

スマホ決済の危険回避の対策

　スマホ決済を安全に利用するためには、普段からの確認や使用の際に必要となる点を紹介します。

　　・スマホの画面をロックする
　　・ログインする際は公式サイトであることを確認する
　　・推察されにくいIDとパスワードにする
　　・IDとパスワードの使いまわしをしない
　　・送信されてくるメールやSMSのリンク先に注意する
　　・送信されてくる見慣れないドメインのアドレスは開かない
　　・利用した決済サービスの履歴を確認する
　　・使用段階ではスマホのGPS機能を「ON」にする

クレジットカードなどの磁気情報が盗み取られる

@DAT

クレジットカードを狙った犯罪はどんどん巧妙化し、近年では磁気情報だけを盗み取る「スキミング」という手法が表面化してきています。

ここでは、クレジットカードのスキミングの基礎知識、手口、被害を防ぐ方法を紹介します（図1）。

図1　クレジットカード

スキミングの基礎知識

カードの「磁気ストライプ（黒いストライプが入ったカード）」に記録された情報を「スキマー」と呼ばれる装置で読み取る犯罪です。

スキマーとは、データを読み取る目的で使われる機器のことです（図2）。

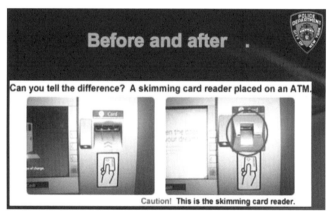

図2　ATMに取り付けられたスキマー

これは「カードリーダー型」で、スキマーに挿入したクレジットカードやキャッシュカードの情報を不正に読み取ります

スキミングの手口

　大掛かりなものとしては、ATMのカード挿入口に設置され、巨額な被害となるため、事件として報道されることもあります。

　これらは、付近に設置された隠しカメラで暗証番号の入力操作の動きまでも盗撮して、暗証番号もセットで盗まれるということです（図3）。

　これらを盗んだ犯人は、ブランクカード（未記入のカード）を用い、偽造カード（クローンカード）を作成して不正利用します。

　カード自体は自分の手元にあるので、被害の後で初めて気づくため、取り返しようのないような金額が振り落とされてしまうのです。

図3　ATMに取り付けられた隠しカメラ

　また、ATMにスキマーを設置するカードリーダー型のスキマーを使用した手口では、店員になりすましてカードを受け取り、スキマーで読み取るといった手口もあります。

スキミング被害に遭った場合の対処方法

　もし、スキミング被害に遭ってしまったら、以下の手順を速やかに実行してください。

❶カード会社に連絡する（カードの使用を止める）
❷警察に通報する（相談した日時の記録を残す）
❸カード会社に連絡する（保証について相談する）
❹カードに付帯する盗難紛失保険を適用する（保証について相談する）

スキミング被害を防ぐ方法

　カードを安全に利用するために、以下の対策があります。

・定期的に利用明細を確認する

・店員の動きに注意する

・暗証番号を推測されにくいものにする

・ICカードに変更する

　実際には、すれ違っただけでスキミングされるとの噂もあります。

　どんどんスキマーが小型化され、街を歩いているだけでスキミングされてしまう日がくるかもしれません。

　また、IoT（Internet of Things）の技術も向上し、監視カメラも無線化され、スキルの高い攻撃者であれば簡単に乗っ取られてしまいます。

過去のWebサイトを調べる

@DAT

インターネットで調べ物をしていると、データ自体が消えていることがあります。

そのような場合、過去のWebサイト情報や削除された文献などを調べる方法があります。

これは「インターネットアーカイブ」を活用することで、過去に公開されていたWebサイトの情報を辿ることができます。

インターネットアーカイブとは、インターネット上に公開されている膨大なページの情報を保存してアーカイブ化し、無償で閲覧することができる「Wayback Machine（＝インターネットアーカイブ）」というサービスを運営する非営利団体が行っているWebサービスのことです（図1）。

図1　Wayback Machine

・Wayback Machine
→https://archive.org/web/

Wayback Machineとは

Wayback Machineとは、デジタルで保存／公開された資料やデータを世界中の人が無料で閲覧できるようにすることです。

特に、削除された過去のサイトを閲覧したい人や、取得したいドメインなどが過去に使われていたかなどを確認したい方にお勧めのツールです。

過去のWebサイトを閲覧したい場合

過去に閲覧したWebサイトが削除されていても、Wayback Machineにはサーバーから削除された情報も掲載されているため、サイトが保存されていれば過去の状態のサイトを閲覧できます。

新聞の記事の削除、倒産した会社のWebサイト、ドメインの名称が変更されたWebサイトの情報など、元のURLで確認できない場合に活用できます。

スマホの契約を格安で維持する

@DAT

KDDIのオンライン専用ブランド「povo2.0」は、基本料0円で契約できる携帯電話の料金プランを提供しています（図1）。

図1　基本料0円というサービス

　もちろん、0円のままで永遠に使い続けられるわけではなく「トッピング」と呼ばれる好みのサービスを自由に組み合わせていく独自の料金プランとなっています。

　povo2.0であれば、0円で回線を維持しながら、必要な量を定期的にトッピングすることで、安価で携帯電話を使うことができます。

　ここでは、その使いこなし方を紹介します。

必要なものだけを選んで購入可能

　最大の特徴が、基本料0円のベースプランを契約した上で、さまざまなサービスを必要に応じてアプリから自由に購入し、利用できるシステムです。

　基本となるプランは、基本料が0円なので、回線契約をするだけでは料金が発生しません。

　つまり、料金がかかるのはトッピングだけということになります。

必要なときに使いたいトッピングだけを選んで利用するシステムなので、サービスを利用しない月は携帯電話料金を０円まで抑えられます。

　トッピングには「データトッピング」「コンテンツトッピング」「通話トッピング」「サポートトッピング」が用意されています。

　例えば、データトッピングは６種類で各種容量が用意され、24時間使い放題も選べます。

・データ使い放題	330円	24時間
・データ追加１GB	390円	７日間
・データ追加３GB	990円	30日間
・データ追加20GB	2,700円	30日間
・データ追加60GB	6,490円	90日間
・データ追加150GB	12,980円	180日間

　中でも24時間のデータ使い放題は、旅行者などには最適であり、最安のトッピングとなります。

０円では最大128kbpsに制限される

　なお、データトッピングを利用せず、０円で０GBの場合、データ通信速度は最大128kbpsに制限されます。

　テキストのみのメールやメッセージの送受信なら問題なくできます。

通話トッピングは準定額と定額の２種類

　通話トッピングは「５分以内通話かけ放題（550円／月）」と「通話かけ放題（1,650円／月）」がありますので、スマホを通話メインで使う人であれば、通話トッピングだけ購入して利用することもできます。

いつまで０円で使えるのか

　povo2.0では180日間以上、有料トッピングの購入などがない場合、利用停止や契約解除となるとされています。

　つまり、回線を維持し続けるためには、トッピングの有効期限が切れてから180日間以内に、トッピングを１つ購入する必要があります。

　最も安いトッピングである使い放題パックの220円がデータトッピングなら24時間のデータ使い放題が330円で、１GBなら390円となります。

あるいは、有料トッピングを購入しなくても、180日の期間内に従量通話料とSMS送信料の合計額が税込み660円（通話にして15分程度）を超えている場合は回線を維持できるようです。

 まとめ

数百円で回線を180日間維持できるのは安いですが、トッピングの購入を忘れてせっかくの電話番号を失ってしまうことがないように注意しなければなりません。

また、その他、さまざまなサービスがあるので、詳しくはWebサイトで確認してください。

・povo2.0 Webサイト
→https://povo.jp/

なお、ここで紹介した情報は、2022年12月時点の情報となりますが進化が楽しみなサービスです。

中古スマホの購入時に赤ロムを見分ける方法

@DAT

中古スマホの中には「赤ロム」と呼ばれる端末が存在しています。
ここでは「赤ロム」と「白ロム」について紹介します。

携帯電話の購入時に「赤ロム」に注意

一般的に、スマホやガラケーを含む携帯電話は、端末に「SIMカード」を差し込むことによって機能します（ここではeSIMを除く）。

しかし、SIMカードを挿しても通信の機能が使えない端末を赤ロムと呼びます。

これは、大手携帯電話会社から「ネットワーク利用制限」がかけられている端末を指します。

赤ロムの端末を起動するとディスプレイに通信のできない赤色のアンテナが表示されたことから赤ロムと呼ばれるようになりました。

逆にSIMカードを挿して使用できる正常な端末を「白ロム」と呼びます（図1）。

図1　赤ロムではない点を明示している

中古の携帯電話を購入する場合の注意

赤ロムは「IMEI（端末識別番号）」で各社のWebサイトで照会できますが、ヤフオクやメルカリなどの取り引きでは一般的に以下のような記載もあります。

○：ネットワーク利用制限がかかっていない
△：現在は制限がかかっていないが、今後かかる可能性がある
×：ネットワーク利用制限がかかっている
―：そのIMEIが存在しない（入力ミス）

「△」や「×」は赤ロムの可能性があります。

ヤフオクやメルカリなどの取り引きで落札する場合は、この点に注意して落札してください。

カメラのシャッター音を消す方法

iPhone / Android

@DAT

　レストランやラーメン屋などでInstagramやTwitterなどにアップロードするためなどで、料理の写真を撮りたいときがあります。

　日本版のスマホの場合、写真の撮影時にシャッター音が「カシャッ！」と大きく鳴る仕様なので、静まり返った場所でスマホのカメラ機能を使おうとするときに邪魔になります。

　周囲のお客さんなどへのシャッター音が気になり写真を撮れない方も多くいるはずです。

　そこで「iPhoneのカメラ撮影時のシャッター音を小さくする方法」と「アプリを使った完全な消音方法」を紹介しますが、Androidでも操作はほぼ同じです。

iPhoneのカメラのシャッター音を消す方法

　AndroidOSやiOS14以降では設定からカメラのシャッター音を消音することはできませんが、他のやり方でも小さくする方法を紹介します。

　簡単に言うと「動画モード」の撮影中に横に現れるボタンを押すだけ」ということになります。

図1　カメラアプリを起動

図2　写真からビデオにスライド

図3　ビデオの録画ボタンを押す

Androidでも同様で横のボタンを押します。

つまり、動画モードで動画撮影を始めてから、その最中に静止画も撮れる機能ということになります。

なお、動画撮影時と終了時に「ポンッ」という音が鳴りますが、「カシャッ」という露骨なシャッター音よりも静かで自然な音になるため、周囲の人も気にならないはずです。

❶iOS標準のカメラアプリを起動します（図1）。
❷撮影方法選択のバーを「写真」から「ビデオ」にスライドします（図2）。
❸「ビデオ」の録画ボタン（中央下の赤いボタン）を押し、動画撮影を開始します。

ここまでは通常のビデオ録画の操作となります（図3）。

図4　横の白いボタンで写真撮影が可能

❹「ビデオ」が動画撮影を始めると、横にある白いボタンが現れますので、これを押すと、そのたびに写真撮影として随時、保存されます。

これは動画撮影中に静止画を写真として保存できるように用意されています（図4）。

❺以降は「ビデオ」が動画撮影をしている最中は横にある白いボタンを押すたびに写真がそれぞれ保存されます（図5）。

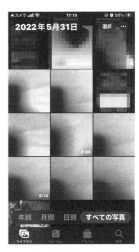

図5　写真がそれぞれ保存されている

ただし、この撮影方法は、録画をしている状態で動作しているため、バッテリーを大量に消費をする点と、通常の撮影よりやや画質が劣化します。

無音アプリをインストールする

OS標準のカメラアプリはOSがバージョンアップするたびに仕様変更が行われることがあるため、上記の方法だけでは不安な方もいるはずです。

そこで、iPhoneではApp StoreとAndroidではGoogle Playからシャッター音のしない専用のカメラをダウンロードできます。

ただし、無料のカメラアプリの場合、肝心なときに宣伝の画面になったり、20回に1回ほどシャッター音が鳴ったりなど、無料ゆえの不自由さはあります。

・Microsoft Pix【iPhone】
→https://apps.apple.com/jp/app/id1127910488
・SNOW【iPhone】
→https://apps.apple.com/jp/app/id1022267439
・SNOW【Android】
→https://play.google.com/store/apps/details?id=com.campmobile.snow
・消音カメラ【iPhone】
→https://apps.apple.com/jp/app/id915239286
・無音カメラ【Android】
→https://play.google.com/store/apps/details?id=com.peace.SilentCamera

まとめ

　これらは次々と新しい便利なアプリがリリースされていますので「カメラ 無音 消音 無料」というキーワードに利用している「iPhone」か「Android」をキーワードに加えて検索すると、目的に合ったアプリが見つかるはずですので、好みのアプリをインストールしてみてください。

　なお、ここで紹介している情報は2022年6月の情報となります。

10歳若返るカメラアプリ

@DAT

　自撮り写真を若く、可愛く、綺麗に撮れてしまう世界で数億人ものユーザーが利用している大人気の無料のカメラアプリ「SNOW」を紹介します（図1）。

　前節でも紹介した通り、シャッター音がしないため、標準搭載されたカメラアプリを使用せず、自撮り以外の撮影にもSNOWを使うというユーザーも増えています。

「たまに入る宣伝が気にならない」という方は、試してみてください。

図1　SNOW

・SNOW【iPhone】
→https://apps.apple.com/jp/app/id1022267439
・SNOW【Android】
→https://play.google.com/store/apps/details?id=com.campmobile.snow

特徴

　SNOWは、若い女性の間では「必須のカメラアプリ」となっています（図2）。

図2　元画像／SNOW

・目が大きく写る

・しわが消える

・豊齢線が消える

・顔の輪郭をシャープにする

・小顔に写る

・若く見える

　これらの機能により少なくとも10歳は若返って見えますので、女性は可愛く綺麗に、男性は若く、撮れてしまいます。

使い方

　操作方法は、スマホ標準のカメラアプリと同じで、画面下の一番大きい丸いボタンを押すと、写真を撮影、長押しすれば動画を撮影することができます。

　撮影をするときに、さまざまな顔認識をするスタンプやフィルターを使って、さらに可愛く、綺麗に撮れ、また、おもしろいエフェクトを加えた写真や動画にすることができるのが、SNOWの特徴です。

AIが顔写真を逆加工

@DAT

カメラアプリの「SNOW」の人気はすごいものがありますが「SNOWで加工された画像を元の状態に戻してしまうアプリ」まで登場しています（図1）。

このアプリはTwitterの「@pockysan207」（https://twitter.com/pockysan207）氏が「機械学習使ってSNOWの加工を元に戻す研究をしてました」ということで作ったそうです。

図2の写真左が「元画像」、中央が「SNOW」、そして右が、ここで紹介している「SNOW戻し」の写真です（図2）。

図1　加工はがすくん

図2　元画像／ SNOW ／ SNOW戻し

・加工はがすくん【iPhone】
→https://apps.apple.com/app/id1476936981
・加工はがすくん【Android】
→https://play.google.com/store/apps/details?id=work.pocky.kakohagasukun

以下のように紹介されています。

・AIにゃんこが顔写真を逆加工します！
・完全無料でおもしろ画像の作成、保存が可能です！！
・友だちとみんなで楽しく盛り上がりたい！
・普段とは逆の加工を試してみたい！

合成動画のディープフェイク

@DAT

　近年では「ディープフェイク」という画像や動画の合成技術が注目されており、話題になっています。

　しかし、良い話題だけではなく、悪い噂もあるようです。

ディープフェイクの作られ方

　近年のディープフェイクは「AI（人工知能）」による合成動画を指しますが、その作り方が簡単だということで注目を集めています。

　また、この技術はまるで本物のように、ほとんど違和感なく他人の顔を他人の身体に合成することができてしまいます（図1）。

Steve Buscemi + Jennifer Lawrence MASHUP - Amazing Technology
78,202 回視聴・2019/01/31　　👍 314　👎 8　↗ 共有　=↓ 保存　…

図1　顔だけが入れ替わっているディープフェイク動画

【引用元：https://blog.aiampy.net/20200614-lets-make-deep-fake/】

　「ディープフェイク」という技術を利用して、有名人などの顔だけを全く違う別人に入れ替えたり、身体を入れ替えた「フェイク動画」を誰でも簡単に作り、楽しむことができる技術です。

　例えば、アメリカの大統領の顔だけをロシアの大統領の身体に違和感なく、合成してしまうことも可能だということです。

それゆえに危険視される声も多く聞かれます（図2）。

　今後、さらに技術が進めば、役者などコストをかけずに代役を抜擢できる可能性もあり、本物との見分けが全くつかない偽物の動画を作成することができる技術ということです。

　これに対し、Microsoft社は、写真や動画が改変されている可能性をパーセントで表示するディープフェイク検出技術「Microsoft Video Authenticator」を発表しています。

　肉眼で見るかぎり、本物なのか偽物なのかの見分けがつきにくいため、虚偽情報への対策に向けた新たな取り組みが進んでいます。

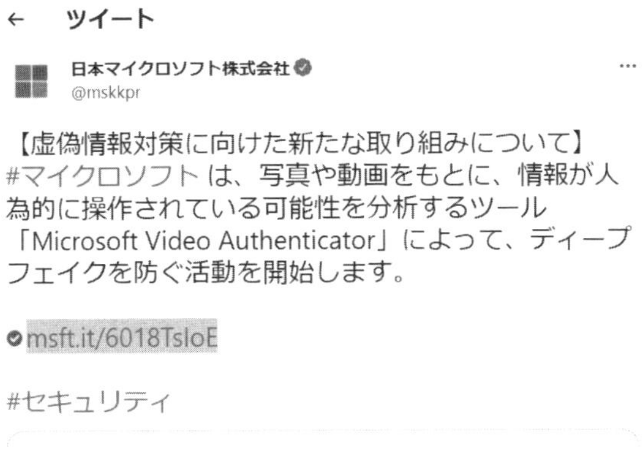

← 　ツイート

日本マイクロソフト株式会社 ✔　　　　　　　　　…
@mskkpr

【虚偽情報対策に向けた新たな取り組みについて】
#マイクロソフト は、写真や動画をもとに、情報が人為的に操作されている可能性を分析するツール「Microsoft Video Authenticator」によって、ディープフェイクを防ぐ活動を開始します。

⊘ msft.it/6018TsloE

#セキュリティ

図2　Microsoft社のツイート

iPhone Android 夫婦間で相手の指紋認証が突破される

@DAT

近年ではセキュリティ意識も高まり、多くの人がスマホになにかしらのロックをかけることが簡単になりました。

例えば、浮気などを含めて、夫が妻、妻が夫のスマホを確認したいといった場合もあります。

親しい関係の人にロックの解除をされる場合、以下の単純な方法が考えられます（図1）。

図1　ロックが解除される

寝ている間に認証される

力技とされますが「相手が寝ている間に認証させる」という方法があります。

特に近年のiPhoneでもAndroidでも簡単で便利なロックの解除方法が用いられていますが、寝ている間に顔にスマホをかざされると防ぎようがありません。

・顔認証：相手の顔にスマホをかざす
・指紋認証：相手の指をスマホに直接あてる

特に近年では顔認証の利用が増えてきているので、寝ている間にスマホをかざすだけで親しい関係の人に認証が突破されやすくなっています。

対策

こうした場合の対策としては、別に「パスコードロック」をかけることにより安全性が高まります。

普段は面倒なのですが、推測では解けない程度のパスコードをかけるなどして、二重のロックをかけておくことをお勧めします。

スマホの不正利用防止に
パスコードの利用

@DAT

　スマホはiPhone、Android共に「パスコード」などを設定できます。

　普段の操作では、面倒を感じることが多いのですが、面倒くさがらずに設定することをお勧めします。

　落としたときなど、他人に中身が見られる可能性や使用される可能性が低くなり、手元に戻ってくる確率も上がるからです。

iPhoneの場合

 ホームボタンがない機種

【設定】→【Face IDとパスコード】→「パスコードをオンにする」を押す

　あとは、手順通りにパスコードを登録します。

 ホームボタンがある機種

【設定】→【Touch IDとパスコード】→「パスコードをオンにする」を押す

　あとは、手順通りにパスコードを登録します。

　また、ホームボタンがある機種では、指紋認証も「Touch IDとパスコード」画面内で設定できるので済ませておくことをお勧めします。

Androidの場合

【設定】→「画面ロックとセキュリティ」

　ここで「画面ロック」「指紋認証」「顔認証」などからいずれかを選び、手順に沿って進めてください。

※Androidの場合、機種により一部、操作が異なります。

121

スマホの通話を録音する

@DAT

電話をしているときに通話内容を録音したいケースがあります。

iPhoneや一部のAndloidでは通話を録音することができませんが、通話録音アプリがあるのと、その他にも録音方法があるので紹介します。

アプリのインストールと操作

まず「通話録音アプリで無料で安全に使い続けられるアプリはない」と考えてください。

無料版では機能制限や数日でサブスクリプションがあったりなどイザというときに使い物になりません。

・通話録音 - 保存して聞く【iPhone】

→https://apps.apple.com/jp/app/id1435773823

・通話レコーダー（Appliqato）【Android】

→https://play.google.com/store/apps/details?id=com.appstar.callrecorder

これらは次々と新しい便利なアプリがリリースされています。

「通話　録音アプリ」をキーワードに、利用している「iPhone」か「Android」をキーワードに加えて検索すると目的に合ったアプリが見つかりますので、好みのアプリをインストールしてください。

大手携帯会社の通話録音サービス

大手携帯会社の通話録音サービスもあります。

どれも「法人向けのサービス」を目的としているので、月々に数百円程度の費用がかかりますが、確実で安心できる通話録音の方法となりますので、目的によっては選択の余地があります。

docomo：通話録音サービス

→https://www.nttdocomo.co.jp/biz/service/tsuwarokuon/

SoftBank：通話録音サービス

→https://www.softbank.jp/biz/mobile/solution/tsu-roku/

KDDI：通話録音機能

→https://biz.kddi.com/service/voice-phone/recording/

ICレコーダーを利用する

これは、アナログ的な方法ですが、会話をスピーカーモードにしてICレコーダー（またはボイスレコーダー）で録音するのが確実で手っ取り早いかと思います（図1）。

ICレコーダー本体の容量は内蔵メモリーだけで数時間の録音ができますが、16GB〜32GBのSDカードを挿せる機種もありますので、目的に合わせ、容量なども考慮したうえで購入してください。

録音する際、以下のような手順が考えられます。

図1　ICレコーダー

❶着信がある
❷そのまま出ないで切れるまで放置する
❸ICレコーダーの録音ボタンを押す
❹通話をスピーカーモードにして折り返して電話をかける
❺以上で通話が全体が録音できる

普段は、テレビの前にでも置いておき「電話を折り返す」ということにより、準備が整ってからの録音となるので、簡単で確実に録音ができます。

なお、ICレコーダーは録音ボタンが大きくて操作がシンプルな機種が使いやすいです。

新品で2,000円から6,000円程度でインターネット上で購入できます。

スマホのケーブル共有の危険性

@DAT

スマホを遠隔でハッキングできるケーブルが海外のWebサイトで販売されています（図1）。

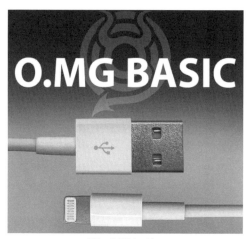

図1　O.MGケーブル

Lightningケーブルに続き、Type-CとMicroUSBケーブルも追加されていますので、iPhone、Android共に利用可能な超小型のWi-Fiモジュールを内蔵したケーブルです。

純正ケーブルと見分けがつかない

これは「O.MG Cable」という名称のケーブルで、あくまでも「研究目的」で開発されたとのことで、外見も機能も純正ケーブルと見分けがつきません。

このケーブルはバックドアなどが仕掛けられており、近隣にいる悪意のある第三者が、ケーブル内部に仕込まれたワイヤレス機能を使って端末にアクセスすることが可能になります。

O.MG Cableケーブル単体ではファームウェアの適用や設定ができないので、セットアップ用のプログラムキットや設定も必要となります。

公に販売されていた

かつて、このような製品はダークウェブなどで密かに取り扱われていたよ

うですが、O.MGでは公に販売されており、当時の本体価格は120ドル（約16,080円）程度、プログラムキットは20ドル（約2,680円）程度となっています。

通信距離は90mだが無限大

O.MGケーブルの開発者が「最大300フィート（約90m）離れた場所からデバイスにアクセスすることができる」と説明しています。

また、周辺のワイヤレスネットワークのクライアントとして設定すると、アクセスできる距離は無制限になります。

ケーブルは証拠隠滅のためにファームウェアを消去することができ、これを実行すると全く無害のケーブルになるということです。

防御方法

O.MGケーブルは見た目では見分けが難しく、すでに出回っているケーブルであるため防御方法は特になく、他人のケーブルを共有しないようにすることしかありません。

モバイルWi-Fiルーターを利用する

@DAT

モバイルWi-Fiルーターとは「簡単な設定をするだけで家でも外でも持ち運び、インターネットが利用できる通信端末」のことです（図1）。

ここでは、モバイルWi-Fiルーターの仕組みと利用法を紹介します。

図1　モバイルWi-Fiルーターの一例

モバイルWi-Fiルーターとは

モバイルWi-Fiルーターは、データ回線接続専用のSIMが入った通信端末で、簡単な設定をするだけでWi-Fiの利用が可能となります。

もちろん、自宅に設置してある光回線とWi-Fiルーターをつないだ状態と原理的には同じなので複数台の接続が可能です。

一人暮らしをしている方は、家でも出先でも同じインターネット環境があるので便利です。

モバイルWi-Fiルーターの特徴は、以下の通りとなります。

メリット
- ・回線工事をしなくてもすぐにインターネットが使える
- ・配線と設備が不要でインターネットが使える
- ・据え置きのWi-Fiルーターよりも設定が簡単にできる
- ・家でも外でもインターネットが使える
- ・レンタルのモバイルWi-Fiルーターなら短期でも使える

デメリット
- ・光回線より速度が遅い
- ・毎日、持ち歩く必要がある
- ・毎日、充電する必要がある
- ・つながりにくいエリアがある

モバイルWi-Fiルーターの会社と価格

　現在、こうしたサービスを契約できる会社は、docomo、SoftBank、au、Y!mobileの携帯会社4社とUQ WiMAXというKDDIの系列会社などがあります。

　一般的に代表格とされるUQ WiMAXを基準にして比較するとよいです。

　価格は各社がキャンペーンなどを頻繁に行うため、比較が非常に難しいですが、平均月額はどこも大差なく月額3,000円程度からとなっています。

　また、出張や旅行などで「短期だけ利用したい」という方はレンタルのモバイルWi-Fiルーターもあります。

　こちらは1日、1週間、2週間などのレンタルがありますが、1ヶ月のレンタルで平均的な相場価格は5,000円程度となります。

　いずれを選ぶにしても、住居のエリアによりつながりにくい場合があるので契約の前に調べてからになります。

モバイルWi-Fiルーターの使い方

　モバイルWi-Fiルーターの設定は非常に簡単なので、数分で設定ができますし、パスワード設定の変更なども簡単にできます（図2）。

　ここでは、一般的なレンタルモバイルWi-Fiルーターの設定を例にして紹介します。

図2　パスワードの変更画面

　（1）一般的な契約なら申込日より数日後に本体が届く（レンタルは翌日）
　（2）同梱のSIMカードを本体に挿し込み電源を入れる（レンタルは最初から挿し込まれている）
　（3）スマホの場合、通信先を選択する
　（4）同封されているシールに記載されたセキュリティキーを入力する
　（5）これでスマホ、タブレット、PCいずれでも接続可能となる

主な利用方法

　自宅でも普段の自宅回線と、ネットワーク回線を簡単に使い分けたい方にも利用価値があると思います。

　例えば、仕事での機密プロジェクトからプライベートにおいてはクレジットカード系の支払い専用などの用途にも使えますので予算さえ納得できるのであれば、自宅の回線と切り分けてシークレットな利用法もできます。

　また、先述した大手携帯会社以外にもさまざまな会社があり「ポケットWi-Fi」といったキーワードで検索すると、さまざまなサービスが見つかりますので、目的に合ったものを利用するとよいでしょう。

　特に転勤などで引越しが多い方などにお薦めします。

無料で大容量のデータを転送する

@DAT

　ここでは、無料で簡単に大容量のファイル転送ができるサービスを紹介します。

　自分のサーバーを所有していない場合、大容量のファイル転送は無料のサービスが便利です。

　大容量のファイルは、メール送信の際、容量オーバーしてしまうことがありますが、そうした場合は「Webサイトからサーバーにアップロードし、送りたい相手には期限内にサイトにアクセスしてダウンロードしてもらう」というのが主な使い方です。

各種サービス

データ便

→https://www.datadeliver.net/

・ファイル保管期間：1時間〜3日間

おくりん坊

→https://okurin.bitpark.co.jp/index.php

・ファイル保管期間：7日間

ギガファイル便

→http://gigafile.nu/

・ファイル保管期間：7〜60日間

 まとめ

　別項で直接、自分の端末から大容量のファイルを指定した相手と共有できる本格的な方法も紹介していますので、そちらも参考にしてください。

iPhone Android スマホの写真などをPCにバックアップする

@m0tz

iPhoneにはiCloud、AndroidにはGoogleDriveなどのクラウド領域が用意されています。

しかし、それだけでは容量が足りないという場合もあります。

そうした場合に便利なのがスマホやPCをバックアップ用に使える「Resilio Sync」です（図1）。

PCやスマホ用のアプリを使って、複数の端末間でデータを同期するツールになりますが、Resilio Syncには個人用途にのみ使える「Free」と業務にも使える「Pro」があります。

ここでは「Free」の利用について紹介します。

Syncの設定

高速で信頼のおけるシンプルなファイルの同期・共有ソリューション

名前

ID 名は後で変更することはできません。

セルラーデータを使用して同期

Sync の ID に関する詳細を読む

図1　Resilio Sync

アプリの設定

- Resilio Sync【iPhone】
→https://apps.apple.com/jp/app/resilio-sync/id1126282325
- Resilio Sync【Android】
→https://play.google.com/store/apps/details?id=com.resilio.sync

ここでは、iPhoneでの設定を説明しますが、Androidについても、画面構成は同じです。

❶起動後、ネットワークについての許可を求められます（図2）。

Androidでは特に権限の許可の必要ありません。

❷端末ごとにIDが必要となるので、名前を入力します（図3）。

❸入力が終わるとフォルダ一覧になり、起動直後はなにもありません（図4）。

❹フォルダを追加するには、右上の「＋」を押し、メニューが現れますので「QRコードを読み取る」を選びます（図5）。

図2　ネットワーク探索の許可が必要

図3　端末のIDを設定する

図4　設定直後はフォルダがない

図5　共有フォルダを追加する

図6　QRコード用にカメラアクセスが
必要

図7　読み込みのみで登録した場合

❺カメラへのアクセス許可を求められたら、許可してください（図6）。

❻PC側で読み込みのみを許可して共有した場合、フォルダの鉛筆マークに斜線が入って書き込みできません（図7）。

❼それでは困るので、読み込み／書き込みで共有すると、フォルダのアイコンのみになります（図8）。

❽フォルダ名をタップするとフォルダ内容が表示されますが、現状ではなにもありません（図9）。

| 図8　読み書きできるようにした場合 | 図9　共有フォルダを開いたところ | 図10　共有するファイルを選ぶ |

図11　共有する写真の範囲を選ぶ　　　　図12　共有する写真を選ぶ　　　　図13　共有先のフォルダから消すと
　　　　　　　　　　　　　　　　　　　　　　　　　　　　　　　　　　　　　　　同期されて消える

❾「ファイルの追加」を押して、ファイルを追加します。

　ここでは、写真を追加します（図10）。

❿ファイルアクセスへの許可を求められますので、許可します（図11）。

⓫許可するとファイル選択画面になりますので、必要なファイルを選びます。
選ぶとファイル一覧になります（図12）。

　共有はすぐに終わりますが「（図21）」を参照してください。

⓬そして、共有先で削除した場合もすぐに同期されます（図13）。

Resilio Sync

https://www.resilio.com/individuals/

⓭画面中央にある「Free Download」→「Download Sync Home」で無料版をダウンロードしますが、ダウンロードしたバイナリを実行してインストールします（図14）。

⓮起動すると、名前の入力と規約、ライセンスについての注意などが表示されますので、名前とチェックボックスにチェックを入れて「開始」を押します（図15）。

⓯起動時は、なにもフォルダがありません（図16）。

⓰同期用フォルダを追加または作成します（図17）。

図14　インストール画面

図15　起動用設定

図16　起動直後

図17　同期フォルダメニュー

「標準フォルダ」を選ぶとPC側フォルダを共有フォルダとして追加します。

「暗号化フォルダ」では、暗号キーが提供されて他のスマホなどのデータを暗号化して共有できます。

「ファイルを共有」は、特定のファイルだけ送りたいときに利用し、受信はResilioSyncを使います。

「キーまたはリンクを入力する」は、同期フォルダ用のキーやリンクを入力して同期を開始します。

ここでは「標準フォルダ」を選んでフォルダを指定しました。

フォルダを選択すると共有のための情報が表示されます。

基本は読み取り専用になっていますが、自分専用であれば「読み取り／書き込み」に設定しておけばいいでしょう。

「リンク」は共有用リンク（共有キーなどをURLにしたもの）で共有設定を行います（図18）。

図18　共有設定

図19　QRコードによる共有設定

図20　共有設定はフォルダー覧にある

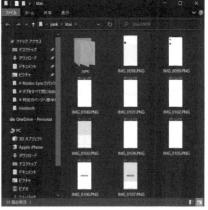

図21　同期済みフォルダ

⓱「キー」は33桁の英数字で共有設定を行います。

「QRコード」は、文字通りQRコードを表示して、スマホで読み取ることで共有設定を行います（図19）。

⓲スマホと共有設定を行う場合は、QRコードが一番手軽です。

この共有設定については、フォルダ一覧のフォルダ名の右側に「共有」という設定項目からいつでも参照できます（図20）。

⓳共有設定が終わると、すぐにフォルダが同期されます（図21）。

簡単にファイルを送信する

@m0tz

6桁の数字を入力するだけで、スマホ間でも、スマホとPC間でもファイルの転送ができるアプリを紹介します（図1）。

- SendAnywhere【iPhone】
→https://apps.apple.com/jp/app/id596642855
- SendAnywhere【Android】
→https://play.google.com/store/apps/details?id=com.estmob.android.sendanywhere
- SendAnywhere【PC】
→https://send-anywhere.com/ja/

図1　SendAnywhere

起動から送信まで

❶初回の起動では、利用規約への同意（図2）や権限についての注意（図3）、写真へのアクセスを許可するようダイアログが出ます（図4）。

図2　規約への同意画面

図3　権限についての注意書き

図4　アクセス許可画面

図5-1　Androidのファイル選択画面

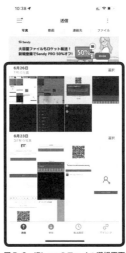

図5-2　iPhoneのファイル選択画面

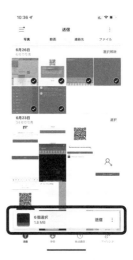

図6　ファイル選択

この画面はどれもAndroidです。

iPhoneでは、アプリがトラッキングすることへの確認と写真へのアクセス許可、通知許可のダイアログが現れます。

❷権限の設定が終わると送信ファイルの選択画面になります（図5-1、5-2）。

画面構成は一部を除いて同じになっています。

❸送信ファイルを選択すると選択個数が画面下に表示されます（図6）。

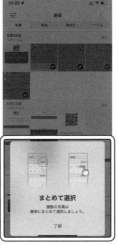

図7　ファイル選択方法の説明

図8　ファイルを送信する

❹複数ファイルを選択する場合はファイルを押します。

iPhoneでは画像をなぞるように指をスライドさせれば選択されます（図7）。

また、日付ごとにまとまっていますので日付を押せば、その日の全ての画像が選択されます。

❺右側の「送信」を押すと画面が切り替わり、6桁の数字とQRコードが表示されます（図8）。

このとき送信が終わるまでは、そのままアプリを起動したままにしておいてください。

　電源を消したり、スリープモード、別のアプリに切り替えなどしないように気をつけてください。

受信方法

❻ファイルを受信する場合は、画面下メニューから「受信」を選びます。画面が切り替わり「キーを入力してください」と表示されます（図9）。

図9　数字を入力するかQRコードリーダーを起動する

図10　転送履歴を確認できる

図11　転送先デバイスが表示される

❼入力エリアの右にある（QRコードマーク）を押すとQRコード読み取り画面になります（図9）。

❽コードが正しく、ファイル転送も成功すると画面は転送履歴画面になります（図10）。

　一番上に最近転送したデバイスが表示されます（図11）。

❾デバイス名を押すとそのデバイスへ転送したファイル一覧が表示されます（図12）。

❿これも一番上は最新の転送済みファイルなので押せば転送した内容が確認できます。

　PC版については、WEBサイトへ移動したら右

図12　転送したファイルが表示される

側に送信/受信の表示がありますので、送信の（＋）へファイルをドラッグ＆ドロップするか、受信に数字6桁を入力してください（図13）。

　転送までに広告が表示され、多少時間がかかりますが、スマホと同じく簡単に転送できます。

　月額料金を払ったり、サポートをすることで待ち時間が短縮されるなどの特典がありますので、必要に応じて登録するといいでしょう。

送信

Limited time offer: Get 10 free Adobe Stock images.

Make it with Adobe Stock.

ADS VIA CARBON

受信

002563

図13　PCからブラウザで見た場合も数字で転送できる

歩くだけでお金が稼げるシューズ

@DAT

現在「NFT（ブロックチェーン技術を用いて発行されたトークン）」を用いたビジネスではさまざまな金儲けのタネとなっています。

NFTに関しての詳細はインターネットなどで調べればわかりますが、現在のところ「資金をもって運営する側だけが儲かり、参加者は損をする」という仕組みのように思えます。

しかし、本書が出版される頃には一般化されている可能性がありますので紹介します。

歩くだけでお金が稼げるシューズ

仮想通貨の国内大手取引所から「専用のスニーカー（図1）」を購入し、そのスニーカーを履いて歩けば歩くほどウォレットにお金が貯まる、といったような仕組みようです。

これでこの稼げるGSTトークンの価格動向は次のようになるとのことです（図2）。

現在のところ、資金をもって運営する側だけが儲かる仕組みとなっていますが、流行し始めているため「大化けする可能性の高いビジネス」のモデルになるかもしれません。

YOU SHOULD CHOOSE...

STEPNの最初の靴の選び方

RECOMMEND.

初期投資を抑えたい人	長い目で稼ぎたい人	時間を節約したい人
Mint 2, Level 5	Mint 0, Level 0	Mint 0~1, Level 19

予算と投資スタイルに合わせて靴(スニーカー)を選びましょう

図1　稼げるスニーカー

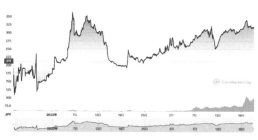

図2　GSTトークンの価格動向

アフィリエイトの解析の手順

@m0tz

Webサイトでは、よく商品を紹介するリンクを見ます。

特にAmazonの商品へのリンクをよく見ますが、なぜこうしたリンクが張られているのでしょうか。

これは「アフィリエイトプログラム」という貼り付けた商品が購入されたときに一定の割り合いで紹介料が入る仕組みを使っているからです。

アフィリエイトプログラムは、一種のWeb広告といえますが商品購入がないと報酬が発生しません。

こうしたリンクを貼ってあるサイトは、閲覧者数も多く、リンクをクリックする人が多いということになります。

こうしたリンクから購入されると新しいタグを踏むまで本当に少ないですが、継続して売り上げが上がったりもします。

サイトによっては商品紹介がアフィリエイトプログラムなのを告知しているサイトもありますが、そうではないサイトが大半ですのでアフィリエイトリンクを通常リンクにする方法を紹介します。

Amazon

❶気になる商品のAmazonリンクがあったら、まずそのリンクをコピーします。

リンクを長押しして出てくるメニューから「リンクアドレスをコピー」します（図1）。

図1 リンクを長押しでコピー

図2 コピーした文字列をデコードする

❷次にコピーした文字列を以下のサイトの「2　デコードする文字列を入力します」にペーストします。

「1　デコードするかエンコードするかを選択します」は「デコードする」を選んで「変換する」ボタンを押します（図2）。

URL エンコード・デコード
https://tech-unlimited.com/urlencode.html

❸先ほどペーストした文字列が変換されて表示されます。

この作業は「URLデコード」と呼ばれますが、URLは半角英数字しか使えないので、URL入れたい漢字や記号、スペースなどをASCIIコードと呼ばれる数値に変換して利用します。

その作業は「URLエンコード」と呼ばれます。

URLデコードした文字列の中から「tag=」で始まる部分を探します。

（例）
tag=dhouse-22

この「tag=」の部分から「-22」までを削除すれば、アフィリエイトリンクではなくなります。

それ以外では、商品名の後ろにある「/dp」と英数10文字のブロックをコピーしてブラウザにペーストすれば、正規の商品詳細ページを見られます。

/dp/B07JHGQTCY

AmazonのURLに変換するために(https://www.amazon.co.jp/)を付ければ、商品詳細ページへの正規のリンクができあがります。

https://www.amazon.co.jp/dp/B07JHGQTCY

楽天/yahoo

楽天やyahooの場合は広告代理店を通したリンクの場合が多いです。

この場合もコピーしたあとにURLデコードします。

デコードした文字列から「url=」や「vc_url=」といった文字列を探します。

　その後ろに「https:// 〜」というURLがあったら、そこが目的のURLですのでコピーして利用します。

　アフィリエイト業者は何社かありますが、大抵の場合は同じようなリンク方法となっていますので「まずはURLデコード」という手順を覚えて目的となる本当のWebサイトのURLを見つけ方を試してみてください。

情報商材詐欺の手口

@DAT

　情報商材とは「稼げる方法」「コンプレックスの解消法」「ギャンブルの必勝法」などのノウハウやデータ自体を商品として販売しています。

　最近では、投資系で使うツールや自動売買ツールなども、商材の一部として販売していることも多く、ツール自体は、記載された情報の付録であり、商品のメインは、ノウハウやデータが記載されたPDFファイルなどの情報となります。

　販売価格はピンからキリまであり、ネットから簡単に入手できる内容をPDFとして数万円程度の価格で販売されています。

　商材の価格は「稼げる」とされる金額に比例しますが、システム系は数十万円と「投資や副業でお金を稼ぎたい」という人の弱みにつけこみ、役に立たない情報を高額で売りつけるという手口が大半です（図1）。

図1　よくある広告

情報商材として販売されている商品

　さまざまな種類の情報などが販売されていますが、大きく分けると以下の通りとなります。

・お金を稼ぎたい

・異性にモテたい

・ダイエットしたい

・成績を上げたい

・資格を取りたい

　中でも、騙されやすいのが、投資系、副業系などのお金を稼ぐ系の商材で、この手の商材は、他の商材と比較して、販売価格が高いため、詐欺とされる理由です。

副業系情報商材詐欺の手口

「効率よく稼げる副業を紹介する」といって、最初に登録費や入会費を支払わせる「先払い方式の詐欺」もあります。

「時給1万円の副業を登録費として1万円支払えば紹介します」といった形で勧誘するケースが多く、すぐに元が取れると思い込み、お金を支払いますが、登録後、全く副業の紹介もなく、登録費だけを騙し取られるケースもあります。

　ネットワークビジネスへの勧誘も副業系には多い手口で、ピラミッド型で形成される組織の頂点に近い会員でなければ、利益を出すことが難しく、マルチ商法と同じ方式で利益の多くは上部の会員に吸い取られているだけです。

ギャンブル必勝法商材の手口

　不確定要素が強いため、一時的にお金が増えることはあっても、継続して増やすことができないことがギャンブルと投資の違いですが、ギャンブルを確実に勝てる投資のようなものと思い込ませます。

情報商材を購入する前に考えるべきこと

「確実に稼げる」「100％稼げる」といった断定的な表現は、金融商品取引法で禁止されています。

　そもそも、稼ぐ方法を知っているなら他人に教えるわけがありません。

闇バイトの手口

@DAT

「闇バイト」とは一般的に表面化されにくいアルバイトのことです。

報酬が高額であることが大きな特徴で、法律に反する内容がほぼ大半となっています。

肉体的にも精神的にも厳しい内容が多く、常識的に考えると、多くの人がやりたがらない仕事をすることにより、短期で大金を稼ぐことも可能です。

もちろん合法的な闇バイトも存在しますが、犯罪に関わる危険性が極めて高いため、十分に見極める必要があります。

闇バイトの種類

闇バイトは多種多様ですが、その中でも犯罪とされる代表的な内容を紹介します。

・詐欺の受け子：直接、詐欺の現金を受け取る、あるいはATMから詐欺の現金を引き出す役割をすると報酬が得られる。

・アポ電強盗：「アポ電（アポイントメント電話）」で個人情報を事前に収集し、家主の留守中など家に押し入り、強盗をすると報酬が得られる。

・違法物の運搬：薬物や密輸したものなどを買い手に届けるために、自動車や電車を用いて運搬すると報酬が得られる。

・携帯電話の契約の販売：詐欺などの犯罪目的で利用するために、契約した携帯電話を第三者に販売することにより報酬が得られる。

・銀行口座の販売：振り込め詐欺などで被害者から入金される銀行口座で利用するために、貯金通帳など一式を販売することにより報酬が得られる。

闇バイトの募集方法

闇バイトは、一般的な求人誌などには掲載されておらず、以下のような媒体や人物から募集されています。

・SNS：SNSが普及している現代では、Twitterを利用し、隠語で闇バイトを募集している場合がある。

・掲示板サイト：SNSと同様に、匿名性の高い掲示板やWebサイトにも隠語で闇バイトを募集している場合がある。

・暴力団員や半グレなど：こうした人物と関わりをもち、個人情報を知られていればそれを元に仕事を強要される場合がある。

闇バイトの連絡方法

　本書では「Signalをメッセージ用に使う」の項で紹介していますが、闇バイトでの連絡手段として、同類のメッセンジャーアプリ「Telegram」を用いるのが一般的とされています。

　Telegramを利用する理由として、LINEやTwitterではメッセージの履歴が残りますが、Telegramは高度な暗号化のもと、メッセージの履歴を消す設定が行なえます。

　首謀者側はTelegramを利用して指示を出すのが一般的です。

「主犯格」からインターネットに詳しい「指示役」に指示が入り、そこから「実行役」に対してSNSなどから近づくといった流れが大半となります（図1）。

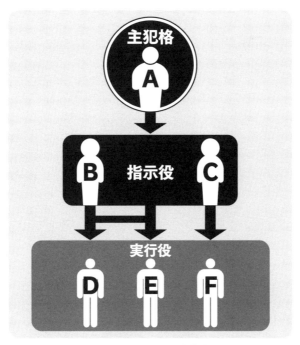

図1　闇バイトの大まかな組織例

闇バイトで首謀者側だけが捕まりにくい理由

受け子など、末端の実行役が逮捕されたというニュースはよく見聞きしますが、そこから首謀者側を探り当てて逮捕するというのはそう容易なことではありません。

しかし、警察が本腰を入れて捜査すると、首謀者側の逮捕まで行き着く可能性もあります。

そもそも、闇バイトで受け子や運び屋は、首謀者側にとって単なる捨て駒であり、首謀者側はインターネット上でも慎重に行動し、実行役に対して身元を明かさずに指示を出すだけで、本書で紹介しているさまざまな防御方法なども熟知し、個人情報あるいは個人情報につながる情報を他人に絶対に明かしません。

まとめ

闇バイトは高額報酬ではありますが、違法なケースが大半である点に加え、過去のつながりを元に住所、家族構成、勤務先までも調べられて脅されるケースもあるため、絶対に関わらないことが賢明です。

また、闇バイトが事件化された場合、IPアドレスの偽装や通信内容の暗号化を行って匿名化しようと、デジタルフォレンジックなどの専門家による調査や監視カメラのリレー捜査などを複合することにより、逮捕される可能性が非常に高いものであると考えておくべきです。

スマホ転売屋の手口

@DAT

一般的にいわれる「携帯転売屋」とは、スマホやタブレットなどの転売をすることで稼ぐグレーゾーンのビジネスを指します（図1）。

スマホは契約する際のキャンペーンにはさまざまな内容があり、携帯転売屋はそれぞれのキャンペーンを駆使して端末を安く手に入れて、それ以上の価格で販売することを指しますが、一般的な転売屋と違う点があります。

図1　転売される大量のスマホ

・解約金
・契約事務手数料
・転出手数料
・端末購入サポート
・月々の維持費

スマホの転売で必要となるこれらの費用も考慮する必要があるので少々複雑になりますし、犯罪にもつながるケースもあります（図2）。

図2　値引きサービスの悪用による逮捕

【引用元：NHKニュース】

149

携帯転売屋の流れ

ここでは、一般的なスマホ転売屋の手口と流れを簡単に紹介します。

携帯転売屋をする理由

携帯転売屋をする理由は単純で「労せず儲かる」からです。

携帯転売屋は最初こそ大変ですが、1度手順を覚えてしまえば、1日で10万以上儲けることも可能となります。

実際には「契約から契約した端末を売る」までは1日で終わりますが、携帯の契約自体は続きますので解約やプラン変更のことも考えると1セットで最低でも数日はかかります。

それでも1日に数万円は稼げますので、やめられないのでしょう。

携帯転売屋は簡単で誰でもできる

携帯転売のやり方は単純ですのでしっかりと基本を勉強してから実践すれば誰でも稼ぐことができます。

ただし、最低条件として「クレジットカード」が必須となります。

携帯転売屋のやり方

携帯の契約は基本的に以下の種類があります。

・新規契約
・機種変更
・他社へ乗り換え（MNP）

契約時のキャンペーンが最も大きくなるのが他社への乗り換え（MNP）になりますが、例えば「SoftBankからdocomoに乗り換える」という場合、docomoの立場からすると「SoftBankの契約数を1つ減らせて、さらに自社の契約数を1つ増やせる」のですから最もよい契約となるため、MNPのキャンペーンは大きいのです。

ですが、最初の契約では誰でも新規契約になってしまいますので、メインで使っている電話番号を使うわけにもいきません。

MNP用の飛ばしやすい回線の入手

MNP用の飛ばしやすい（乗り換えしやすい）回線を調べ、安価で入手することで、すぐに携帯転売屋になることができます。

以前は格安SIM（MVNO）からの乗り換えだと特典不可という店舗が多かったのですが、現在はMNPの飛ばし元が格安SIMであっても問題ないようです。

つまり「いかに安くMNP用の飛ばしやすい回線を入手して維持できるか」ということになります。

MNPや新規契約の案件を探す

MNP用の飛ばしやすい回線を調べ、回線の入手の準備ができたら、次は利益が大きな契約できる案件を探します。

キャンペーンは、都心部から地方のショップまであり、いかに情報収集のアンテナを張るのかという部分が重要となります。

携帯転売屋をする上で案件選びはとても重要で「同じ端末を全く同じ契約方法で購入したとしても、店舗により価格が違う」のです。

そのあたりの情報を徹底的に調べ尽くすことが大変な作業といえます。

クーポンを探す

通常の契約だけでも利益を出すことは可能ですが、クーポンを駆使すればさらに利益を増やすことが可能です。

SIM（格安MVNO）でMNPを作って大手携帯電話会社へ飛ばす手法など、大手携帯電話会社の乗り換えで使えるクーポンも数多くあります。

端末を契約と売却

端末の契約と売却には本人確認書類が必要となります。

契約が終わったらスマホ本体をショップ、ヤフオク、メルカリなどへ端末の売却となります。

端末の売価は上下しますのでタイミングを考え、寝かす必要もありますが売却先も多くあるので、買取価格の比較をすることも大切です。

キャッシュバックを受け取る

ほとんどの店舗では自動的にキャッシュバックが送られてきたり、指定した口座に入金されますが、携帯の契約店舗によっては自分でインターネットからキャッシュバックの受け取り申請が必要な場合もあるため、必ず確実に受け取るようにしなければなりません。

契約した回線を解約する

　ここまでできたら、端末の解約をして一通り終了です。

　端末の解約は一般的な解約方法と同じです。

　ただし、短期解約などをしてしまうと大手携帯電話会社のブラックリストに載大手携帯電話会社の規約などをよく調べておかなければなりません。

まとめ

　本項ではページ数の関係で大まかな流れだけを紹介し、いくつかの黒いポイントは割愛したり、転売屋の多くに利用されている某キャリアを大手携帯電話会社としています（ほとんどのスタイルは決まっている）。

　これらは簡単そうに思えますが、経験と知識が必要となるうえ、一度ハマると抜けにくい「シノギ」となるためお勧めできませんが、あくまでも「携帯転売屋の実態」として捉えてください。

iPhone Android 有名ブランドのコピー品販売サイトの手口

@PBX & MAD

昔からアンダーグラウンド界隈で噂されている「有名ブランドのコピー品販売サイト」ですが、例えば、某大手メーカーの腕時計でいうと「B級品（約20,000円前後）」から「スーパーコピー（約40,000円前後）」などがあります。

その精巧さの技術はどんどん上がってきています（図1）。

また、詐欺サイトの疑

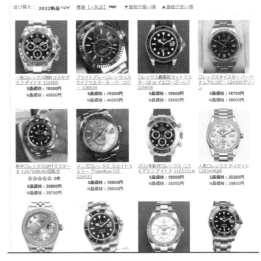

図1　精巧なコピー品

いを避けるために、その多くWebサイトが着払いによる決済としています。

しかし、正規品でないため、故障の場合は、一切の保証を受けられませんので、リスクが非常に高いものとなっています。

インターネット上で購入者の評価を調べてみると「精巧にコピーされているが、見る人によっては見分けられる」という指摘もあります。

ただ、不思議なのが、この手の老舗とされるWebサイトがインターネット上から消えることなく存続し、検索すると簡単にヒットすることです。

もちろん、まともに購入できるWebサイトもあるのですが、個人情報を搾取するだけのWebサイトもあるため、道楽としては手が出しにくく、アンダーグラウンド界隈でも購入するチャレンジャーは少ないです。

怪しすぎるWebサイトであるため、もし、入手するにせよ、代引きにして偽名などを使って受け取るしかありません。

なお、2022年10月以降より国内で輸入規制がかかり販売と発送などについて禁止されました。

一般の方は近づかないことが賢明です。

SIMスワップ詐欺の手口

@DAT

「SIMスワップ」という手口を用いた詐欺の手口があります。

これは、さまざまな人が詐欺師のターゲットとなり、甚大な損害を受けています。

この詐欺に遭ってしまうと、携帯電話番号が乗っ取られてしまい、社会生活に大きな影響を受けることになります。

図1　SIMスワップ

ここではSIMスワップ詐欺について、詐欺師が電話番号を詐取する手法について紹介します（図1）。

SIMスワップ詐欺の仕組み

SIMスワップ詐欺は、別名「SIMハイジャック」と呼ばれ、一種のアカウントを乗っ取る詐欺です。

この攻撃を仕掛けるにあたり、攻撃者はターゲットについて後述する「OSINT（オープンソースインテリジェンス）」などの技術を用いてターゲットの詳細な個人情報を緻密に収集します。

インターネットを検索したり、そのなかでもユーザーが過剰に公開しているごくわずかな情報を見つけ出すなどし、そこから情報を収集します。

また、ターゲットの個人情報はすでに漏えいした情報からも収集されます。

あるいは、詐欺師がターゲットから直接個人情報を盗むフィッシング詐欺や電話を誘導する「ビッシング詐欺」といった、ソーシャルエンジニアリングの手法を通じて個人情報が詐取されるケースもあります。

必要な情報を手に入れると、ターゲットが契約している携帯電話会社に連絡し、ターゲットになりすますことで顧客サポートの担当者を騙し、ターゲットの電話番号を詐欺師が保有しているSIMカードへ移すよう仕向けますがその口実の多くは「盗難や紛失したために切り替えが必要になった」という内容です。

この手続きが完了すると、ターゲットはモバイル接続や電話番号が利用できなくなり、さらにはターゲットにあてられた電話やテキストメッセージを詐欺

154

師が受け取るようになってしまいます。

SIMスワップ詐欺が危険な理由

この攻撃の狙いは、ターゲットが保有するいくつかのオンラインアカウント
にアクセスすることです。

SIMスワップ詐欺を用いる攻撃者は、ターゲットが電話やテキストメッセー
ジを二要素認証に使用していることを前提としています。

この場合、銀行口座から預金を全て引き出されたり、クレジットカードを限
度額まで使用されるといった被害が考えられます。

SIMスワップ詐欺から身を守るには

まず、SNSなどのオンライン上でシェアする個人情報を限定し、氏名、住所、
電話番号を投稿するのは避けるようにするべきです。

また、日常生活に関する詳細な情報を公開し過ぎないように注意が必要です。

本人確認に用いる秘密の質問に関するヒントなどを与えてしまう可能性があ
るからです。

まとめ

ここで紹介したいくつかの手法を実行すれば、SIMスワップ詐欺の被害者に
なる可能性を下げることができます。

また、自分が本人であることを証明し、携帯会社、銀行、クレジットカード
などの会社に連絡をして使用停止させなければなりません。

インタビューをテキスト化する

@DAT

iPhoneでもAndroidでも、メモなどにキーボードを表示させ「マイク」を押せば簡単に音声をテキスト化できます。

ただ、長時間のインタビューなどのテキスト化には向いていません。

そこで、インタビューなどで本格的に利用できる「音声をテキスト化」するアプリを紹介します（図1）。

図1　Speechy

- Speechy Lite【iPhone】
→https://apps.apple.com/jp/app/id1239150966
- Speechy Lite【Android】
→https://androidapp.jp.net/apk/1239150966

プロでも使える音声のテキスト起こしアプリ

本書の原稿作成にも利用しましたが、若干の誤認識はあるものの（図2）、例えば通話をスピーカー出力して、サブのスマホで利用しているのですが、長

図2　若干の誤認識はある

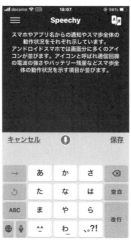

図3　テキスト編集も可能

図4　テキストを英文に変換

時間でもしっかりテキスト化されますので、誤変換の修正も簡単にできます（図3）。

　収録後の長文によるテキスト編集も直感的に行えるため、仕事に向いている音声のテキスト起こしアプリです。

　また、英文に変換する機能も含まれています（図4）。

無料のLite版で試せる

「Speechy」は執筆時点で機能制限のない有料版の価格は960円しますが、無料の「Speechy Lite」で一定の動作は確認できますので、インタビューなど大きな音量を扱う仕事での利用を考えている方は試しにインストールしてみてください。

　なお、会議などでの小声など小さな音量は拾えません

おもしろい電話サービスリスト

@PBX & MAD

インターネット上には「おもしろい電話番号」の噂があちこちに書かれていますが、まとまりがないので、専門職のメンテナンス用の番号なども含め、まとめてみました（図1）。

なお、過去の記録のため、現在使用されていない電話番号も含まれます。

図1

3桁の便利な電話番号（1）

→111

電話が繋がっているかどうかを確認するための番号です。切ったあとで自分へ電話がかかってきます。

3桁の便利な電話番号（2）

→107

新幹線に乗車している相手を呼び出してもらえます。相手が乗っていてもいなくても利用料金がかかります。現在は繋がりません。

3桁の便利な電話番号（3）

→136

利用代金は30円（＋税）がかかりますが、固定電話で「136」の後に「1」をダイヤルすると、直前にかかってきた電話番号と日時を教えてもらえます。

3桁の便利な電話番号（4）

→159

固定電話で相手が話し中の場合、電話を切って1分以内に「159」を押し「1」を押すと、相手との通話が終わったら、こちらに音声で知らせてくれる電話番号です。

自分の声が返ってくる電話番号

158

→073-499-9999

自分自身が電話に出るという番号です。自分が話した言葉がそのまま返ってきます。

 リカちゃん電話番号（1）

→03-3604-2000

タカラトミーの「リカちゃん人形」のリカちゃんが季節に合わせた話題を話してくれます。

 リカちゃん電話番号（2）

→072-633-5566

上記と同じ「リカちゃん人形」の電話番号でしたが、現在は上記の電話番号に変更されていますので、移転のお知らせと新しい「リカちゃん」の電話番号を教えてもらえます。

 小説の登場人物と話せる電話番号

→03-5931-0240

電話をかけると一方的に雑談をはじめ、西尾維新さんの作品やOVAが紹介されます。現在は繋がりません。

 宇宙のパワーが送られる電話番号

→06-6309-0177

男性の声で呪文のようなことを唱えているのが聞こえます。こちらからの問いかけには答えず1分間ずっと繰り返しお経のようなものが聞こえるだけです。

 不気味な声が聞こえる電話番号

→026-258-2323

不気味で面白い声が聞こえてきます。この声の正体は「ナウマンゾウ」だそうです。ナウマンゾウは1万5千年前まで日本に生息していたと言われているゾウの一種です。

 怖い話が流れてくる電話番号

→089-623-7974

怖い話が聞ける電話番号です。現在は繋がりません。

iPhone（iOS8当時）のパスコードロックが4桁だった時代、iOSデバイスのパスコードを破れないものとされていました（図1）。

しかし、このパスコードロックを破るハードウェアが販売されていました。

現在のiPhoneでのパスコードロックは6桁なので使用できなくなったため販売されておらず、Webサイトも消えています。

ですが、6桁のパスコードロックも次項のハードウェアで破られてしまいます。

そこで次項を読む前に、本稿で「ハードウェアによるパスコードロックの解除」に関する基礎知識を含めて紹介します。

図1　4桁のパスコードロック画面

パスコードロックの解除をするハードウェアとは

これは「IP-BOX」というハードウェアで、当時250ドル（約3万円）で販売されていました（図2）。

動画をご覧になれる方は以下のビデオを参照してください。

図2　キットのパッケージ

・Bruteforcing the iOS Screenlock
→https://youtu.be/meEyYFlSahk

ここでは、IP-BOXを使って、約40秒に1回の割合でパスコードを自動的に投入することでiPhoneのパスコードロックの解除を試みています。

ビデオの最後でiPhoneがロック解除され画面が明るくなり、右側のボックスに「1234」という数字が表示されます。

これはIP-BOXがこのiPhoneのパスコードが「1234」であることを突き止め

た瞬間ということになります。

つまり、4桁の数字をパスコードに使っている場合、IP-BOXを使って「0000」から「9999」まで総当りで自動的に試していくと、いずれ破ることができてしまいます。

いくら複雑なパスコードにしていたとしても、解析に要する時間は最長で約111時間となります。

そして、IP-BOXには予めパスコードに使われそうな「0000」や「1234」や「9999」、あるいは「誕生日」といった値を優先的に試すオプションもあるので、実際にはもっと短い時間でパスコードを見つけてしまうことでしょう

本来であれば、何回かパスコードを試すとロックされますが、実はiOS 8.1.1までのバージョンにはこのような無制限のパスワード推測可能な脆弱性があり、IP-BOXはこれを悪用していたのです。

実際にパスコードロックを解除できたiOS

この脆弱性は、以下のiOSデバイスに存在します。

・iOS 8.1.1 未満（iPad2以降）
・iOS 8.1.1 未満（iPhone4s以降）
・iOS 8.1.1 未満（iPod touch第5世代以降）

もし、現在もこのような状態のiPhoneを使っている方は、落としてしまった場合を考えるとパスコードロックへの注意が必要となります。

そして、驚異的だったのが、このIP-BOXというツールが当時、250ドル（約3万円）で購入が可能であったことです。

筆者の知人は当時、パスコードを忘れてしまった知人のiPhone4のパスコードロックを外すことを手伝うためにIP-BOXを購入しましたが、見事にパスコードロックが解析できたそうです。

まとめ

こういうこともあると考えると、OSのアップデートの重要性を感じます。

もし、まだ古いiOSのアップデートをせずに使い続けているようであれば、速やかにアップデートをしてください。

IP-BOXが用いている脆弱性は、iOS 8.1.2以上にアップデートすれば修正ができます。

イスラエルの「Cellebrite」の「iPhoneクラッキングキット」を使用すると、スマホが6桁のパスコードロックがかかっている場合でも、このハードウェアに接続すれば保存されているほぼ全ての個人情報にアクセスできてしまいます。

ただし、iPhoneのモデルとiOSのバージョンによって異なりますが、このキットの最新バージョンでは、なにができるのかを確認しました。

iPhoneと一部のAndroidに対応

Cellebriteは、iPhoneと一部のAndroidスマホのパスコードロックを解除し、それらの情報のほとんどを抽出するように設計された一連のハードウェアおよびソフトウェアキットです（図1、2）。

図1　キットのパッケージ例　　　　　図2　キット本体と各パーツ例

一部のバージョンは営利企業に販売されており「Cellebrite UFEDシリーズ」は法執行機関にのみ販売されていますが、正確な納入先の情報は不明です。

その他のCellebriteクライアントには、内部調査を実施したい優良企業やサイバーセキュリティ企業が含まれます。

Cellebrite UFEDシリーズ

この製品は、以下のハードウェアおよびソフトウェアのパッケージとなっています。

・ソフトウェアがプリインストールされたラップトップ
・iOS用アダプター
・Android用アダプター
・ケーブルとキャリーバッグの完全なセット
・ハードウェアライセンスドングル

ハードウェアライセンスであるドングル（専用のハードウェアキー）がないと、ソフトウェアは実行されないという徹底ぶりです。

突然、消えたWebページ

こうして同社は最先端の機能を紹介していましたが、2022年2月以降の関連する情報がその後、消えています。

ここまでの情報は、iPhone13の発売以前のものであり、当時、同社にはiPhone12にはアクセスできなかったようです。

サポートされているiOSバージョン

サポートされているiOSバージョンを使用すると、パスコードロックされている場合でもフルアクセス可能な機種は「iPhone X」以下の機種となります。

iPhone4s／iPhone5／iPhone5S／iphone6／iPhone6s／iPhoneSE／iPhone7／iPhone8／iPhoneX

これらのモデルがiOSのバージョンに関係なくクラックされる可能性がある理由は、これらのモデルにパッチを適用できないとされている「checkm8」と呼ばれている脆弱性があるためです。

古いiOSバージョンでは、パスコードロックされている場合でもフルアクセスでき、iOS13.7までのiOSのいずれかのバージョンを実行している場合、キットでパスコードロックを解除できるiPhoneのモデルは3つあります。

現時点ではiPhone X以降で修正不可能な脆弱性が発見されていないため、X

以降のiPhoneをお持ちの方は最新バージョンにiOSをアップデートしていれば問題はありません。

iPhone XR ／ iPhone XS ／ iPhone 11

時間がかかる総当たり攻撃

総当たり攻撃でのパスコードロック解除は非常に時間がかかります。

デバイスのパスコードロックを解除するには、パスコードを総当たり攻撃するキットが必要です。

これは、Appleが繰り返しパスコードの試行に適用するロックアウトを無効にできるかに依存していますが、それでも、完全なロックアウトの前に課せられる遅延のため、プロセスは遅くなり、1日あたり100回強の試行率となっています。

このキットを使用すると、生年月日などの携帯電話の所有者の個人データや、大切な人の誕生日などの他の重要な日付を入力できます。

これらは、総当たり攻撃に頼る前に、最初の試行を生成するために使用されます。

Cellebriteの総当たり攻撃によるパスコードロック解除では、成功するまで電話をキットに接続したままにする必要がありました。

Cellebriteの総当たり攻撃機能は、デバイス自体に対して直接、自動辞書攻撃を実行します。

プロセスが開始された後、ターゲットデバイスをCellebriteから切断できるため、自律的な総当たり攻撃のプロセスを複数のデバイスで同時に実行できます。

まとめ

筆者の周囲だけでも、このハードウェアを所有している知人が複数います。

こうなると、単なる「マニア」としかいえませんが、お持ちのデバイスを最新のOSにアップデートしておく理由が理解できたかと思います。

また、今日ではCellebrite社だけではなくGrayKeyのGrayShift社、Elcomsoftなどの製品も国内に参入しつつあることからモバイルデバイスに対する脅威というのは増し続けていくことになると予想できます。

iPhone Android 日本にいて海外局番からの電話番号で発信

@PBX & MAD

日本に住んでいるPBX氏からの電話で、よく使われる着信番号です（図1）。

知らない人は「新手の詐欺」だと思うかもしれません。

もちろん、詐欺などにも利用されるわけですが、このサービス自体は終了しており、局番をもっている人だけが使える月額1,200円のサービスです。

また「公衆電話」からの着信表示ができるサービスもあったそうです。

これも現在はサービスが終了し、利用できないようです。

図1　今回は海外エストニアからの発信

東京にいながら大阪局番からの発信も可能だった

例えば「03」「06」「050」も自在に取得できました。

ですので、東京にいながら大阪局番からの発信が可能となるため、アリバイ作りなどには最適なサービスだったようです。

執筆時点で残っているのは、お馴染みの「電話転送サービス」だけとなっており、怪しいサービスが壊滅状態となっています。

電話転送サービスの悪用で思いつくのが「元請け再販業者」から二次販売です。

このように電話番号の売買は、特に「振り込め詐欺」や「違法ドラッグ売買」などの犯罪者にとってはまだまだ利用価値が高いようです。

電話をしても相手に固定電話番号が表示される転送サービスを悪用したニセ電話詐欺が相次ぐ中、東京都内で昨年起きたこの手口による詐欺の七割が、特定の電話再販業者三社を経由した番号が使われていたことが、捜査関係者への取材で判明した。

捜査関係者によると、詐欺グループは「０３」などの表示を見て電話に出た相手に、官公庁や企業からの電話と思い込ませようとしている。番号購入の際、身元確認が厳しい大手電話会社ではなく、元請け再販業者が転売した二次、三次の再販業者から入手し、足をつきにくくしている（図２）。

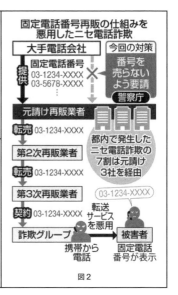

図２

【引用元：東京新聞】

 まとめ

　このように「Phreaker（電話回線への侵入者）」系のマニアになると、さまざまなサービスに精通しているようですが、こうした怪しいサービスも詐欺の手口として利用されるため、どんどんなくなってきているようです。

　ただし、現在もSkypeアカウントを２つ所得することにより、海外局番からの偽装発信は可能です。

　この方法は大半が詐欺などで使われ、悪用が多いため、本書では記載していません。

電話回線壊滅状態で衛星携帯電話機を使う

@PBX & MAD

「衛星携帯の電話機とは、地球規模のエリアで提供する通信サービスで災害対策の支援も可能です。

船舶や電波の届かない場所での利用だけでなく、災害対策にも活用できる地球上のあらゆる場所でコミュニケーションが図れるよう、780km～地上3.6万kmまでの衛星通信を利用した通信サービスで利用できる電話機です（図1）。

図1　衛星携帯電話

地球上のどこからでも通信が可能

衛星通信は世界のほぼ全域をカバーしているため、地球上のどこからでも通信できることがメリットで、通信網が整備されていない海上や砂漠などでの通信から、通信手段が途絶えてしまった災害現場での非常用通信手段としても広く利用されています。

日本では「Iridium」「Inmarsat」「Thuraya」などの衛星通信サービスが一般的でレンタルも可能です。

衛星携帯電話は中古機種が狙い目

筆者はアウトドア好きなため、山などの目的地次第では携帯電話の電波が届かない場所が多数あるため、いざというときのために電話連絡用に装備しています。

最近では昔の携帯電話並みの大きさとなり、中古機種なら20,000 ～ 50,000円程度で入手可能と身近なものとなってきています（図2）。

ただし、衛星携帯電話は屋外ではつながりやすいですが、屋内（天井、壁など）の障害物がある場所ではつながりにくいとされています。

◆送料無料・SIMおまけ◆ 衛星携帯電話
Thuraya SatSleeve+ SIMフリー USED 美品 ■ サットスリーブ プラス 衛生電話 衛星電話 スラーヤ

図2　中古の衛星携帯電話が狙い目

167

2,000円 ～ 130,000円 程 度（使用できる通話量により価格が異なる）とプリペイド式SIM（利用時間＝価格）という形で購入可能です。

最初に開通させて、イニシャライズが終わると、あとは緊急用なので低価格なSIMで十分です（図3）。

一昔前は「金持ちの道楽」のようなものでしたが、近年では大きさも価格も身近な存在となっています。

図3　ピンキリな価格のプリペイド式SIM

大手量販店のポイントの荒稼ぎ

@PBX & MAD

　中国で通称「羊毛党」が大量のスマホを用意して、量販店などの企業の大量のポイント還元を巻き上げるグレーゾーンのビジネスモデルがアンダーグラウンドな世界で表面化しています。

　中国ともなるとスケールが大きく違い「大量のスマホを用意して」というのは頭の中でイメージできますが、ここで用いられている「猫池」という驚くべき機材とその大きなスケールの手口を紹介します（図1）。

図1　大量に並べられたスマホ

猫池とは

「猫池」とは「モデムプール（Modempool）」を指し、SIMカードを複数枚挿すことのできる機器です。

　例えば、実売されている機器は、写真で見た限りだと、8枚から64枚などを装着することができ、大量のSIMカードを自動で切り替えて使える特殊な端末だということですが、こうした機器も大量に用意していたことでしょう。

　この機器はスクリプト（プログラム）を組んで、それにより実行されます（図2）。

わかりやすくいうと、スマホは
SIMカードを挿さないと1台の電話
機とならないわけですが、それをま
とめて最低でも64台を「RPA（ロボ
ティックプロセスオートメーショ
ン）」というスクリプトにより自動
的に切り替えて接続する機器です。

図2　猫池

羊毛党のシノギの手口

　ある企業では、キャンペーンに16億元（当時、約250億円）の資金を投入し、
年末には112万人の新規ユーザーを獲得しましたが、そのほとんどの新規ユー
ザーは羊毛党で、企業は売り上げが上がらず、10億元（当時、約150億円）の
損失を出して、親会社の株式は監理銘柄となってしまったそうです。

　羊毛党は数人のグループで構成され、それらの組織全体を総称して「羊毛党」
と呼ばれています。

　彼らは、携帯電話番号を常に1万件ほど所有しているそうで、この猫池を用
いて一晩で100万円以上を稼ぐ者もいたということです。

1億件もの携帯電話番号を所有

　羊毛党は数多くの携帯電話番号を所有しています。

　その80％はIoT機器用のSIMカードで、自動販売機、シェア自転車、カーナ
ビといった通信を必要としている機器は数多くあり、このようなIoT機器のた
めにデータ専用のSIMカードが販売されています。

　大半が低価格または無料で、従量料金を支払うだけで利用できます。

　ただし、一般では購入することが難しいのでIoT機器を使う企業が大量に一
括購入するのが基本となっているようです。

　このようなデータ専用SIMを、架空の会社を設立して購入したり、あるいは
携帯キャリアの内部の者から横流しされているようです。

　また、10％〜20％程度は、海外SIMを輸入して使っており、ミャンマー、
ベトナム、インドネシアなどでは、このような中国用のSIMカードが実名登録
なしで購入できるため、中国国内で使えるSIMカードが低価格で販売されてい
ます。

こうした海外のSIMを大量購入して、中国国内に持ち込んで使っています。

【参考元：中華IT最新事情／ https://tamakino.hatenablog.com/entry/2019/07/24/080000】（編集部による要約）

 まとめ

　羊毛党の猫池などを用いた機器や技術もすごいですが、これだけの携帯電話番号を所有しているとはスケールが大きすぎて想像すらできません。

　日本でもこうした犯罪がありますが、羊毛党の足元にもおよびません（図3）。

　ちなみに猫池は、インターネットで「猫池　SIM」で検索するとヒットし、入手も可能ですが専門的なプログラミング知識が必要となります（図4）。

図3　日本の犯罪例

図4　「猫池　SIM」で検索

iPhone **Android** 大手企業からのIDとパスワード
漏えい事件

@DAT

先日、大手企業のECサイトから70万件という大量のIDとパスワードリスト
が漏えいし、話題となりました。

大手企業側の不誠実な」対応

大手企業は5日間放置し「申し訳ありませんでした。使いまわしているてい
るパスワードは至急変更してください」と漏えいさせた当事者意識が低く、被
害者からかえって反感を買ったようです。

漏えいしたIDとパスワードリストの行方

図1　IDとパスワードリスト

本書では漏えいしたパスワードリスト（図1）はモ
ザイクかけていますが、早速「ダークウェブ」に上がり、
そして、一般的なインターネット上で「Forum」と称
したWebサイトでダウンロードが可能な状態となっ
ていました（図2）。

図2　IDとパスワードリストがダウ
ンロード可能なWebサイト

インターネットでのパスワードリストの入手

もちろん、パスワードリストは危険を前提とするWebサイトなどにアップ
ロードされています。

IPアドレスを偽装したうえで接続してパスワードリストに自分のIDとパス
ワードが含まれているのかを確認するためにアクセスしましたが、ダウンロー
ドしてみたところ、見事にヒットしました。

70万件ものパスワードは見る気にはならない

　他人のIDとパスワードも含まれているのですが、70万件もの数になると自分のものを確認しただけで消去しました。

　悪用を防ぐために本書では詳細は紹介しませんが、このように漏えいしたIDとパスワードリストは、世界中のインターネット上には常に存在しているという危険性を理解してください。

　また、この手のWebサイトは検索方法がわかると、海外のWebサイトなどで見つけることは可能です。

まとめ

　どのように強固なパスワードを作っていても、管理する大手企業側からの情報漏えいには対策手段がありませんので、こうした場合は、リストに含まれていなくても、速やかにパスワードの変更する必要があります。

　IDやパスワードに関しては、信頼している大手企業からの情報漏えいだけは防ぎようがありません。

　もし、さまざまなWebサービスで同じパスワードを使い回している方は、速やかに変更しておくべきです。

無料で世界のテレビ番組を視聴

@PBX & MAD

インターネットで世界中のテレビが視聴できる、怪しい中国製品のAndroidセットトップボックス「EVPAD」を紹介します。

例えば都心の放送の場合、地方では数週間放送が遅れたり、放送されなかったりします。

そういった番組を視聴したり、関東、関西などはもちろん、世界中の放送を視聴できる機器が欲しいという方向けの製品です。

EVPAD

「EVPAD」はFire TVのようなSTB（セットトップボックス）タイプの製品です。

テレビのHDMI端子にケーブルを接続することで、テレビの大画面で各種のアプリを楽しめます（図1）。

Android OSで動作するため、HuluやDAZNなどのアプリを追加して利用することも可能です。

本体には、USB、HDMIケーブル、ACアダプター、リモコンが付属します。

図1　EVPAD

本体はUSB2.0、LAN、HDMI出力、オーディオ、DC INなどの各端子とマイクロSDカードスロットを備えます。

その他、CPUやメモリーなどAmazonのFire TVと比べてもスペック的には上です。

執筆時点の価格はAliexpressで20,000円前後ですが、どんどん新機種がリリースされていますので最新情報を確認してください。

EVPADのテレビ機能

日本の製品と比較するとお値打ち価格のEVPADですが、中国製品としては若干価格が高めで、その理由が搭載されているテレビ機能です。

専用アプリを使うことで、アダルトチャンネルなども含めて世界中のTV番組が視聴できるようになります。

視聴できるテレビ局は、執筆時点で650チャンネル以上です。

日本のテレビ局については関東、関西、BS各局をはじめWOWOWのような有料チャンネルもいくつか観れます。

　現在、EVPADで視聴できる日本のテレビ局は執筆時点で47チャンネル程度で、これは増えるはずですが、一方で観られなくなっているサーバーもあるようです（図２）。

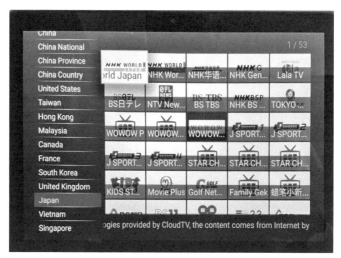

図2　視聴できる番組

　これらのテレビ番組が視聴できる仕組みは、ストリーミングサーバーをいくつか用意しており、そこからネット配信しているからです。

　サーバーはEVPAD側のMACアドレスで認証しているようで、EVPAD以外の機種にアプリを入れても視聴できない仕様になっています。

　ですが、これを調べていると「野良アプリ」の集合体なので、いくつかはAndroidで動作することが確認できており、Fire TVでも実験中です（図３）。

図3　実験中のスマホ

　録画までできるのですから恐ろしいです。

　映像は実際の放送より５分程度遅れて届きます。

　サーバーは中国以外にも数カ国に分散されているようです。

視聴については「永久無料」と謳っていますが、現実的には将来、サーバーが閉鎖されたりメーカーが潰れて視聴できなくなる可能性が十分にあります。

 まとめ

　YouTubeと同じで視聴行為自体は法律上問題ないようです。

　これがあれば、海外出張していても日本のテレビ番組が視聴できます。

　関東や関西などのローカルの番組が観られるのもうれしいです。

　EVPADでは、TV番組のほかにも、映画やTVドラマが視聴でき、日本のアダルトチャンネルも含めて配信されています。

　アプリによってはパスワードの入力を求められるケースもあり、新しいチャンネル情報を含め、さまざまな情報をインターネットで検索する必要があるので、日本人にとっては敷居の高い商品となってます。

　また、こうした情報に精通しているヘビーユー

図4

ザーには、Androidのアプリとインターネット上にあるチャンネルリストを組み合わせるだけで視聴しているマニアも存在しています（図4）。

　こちらは手順が複雑なのと、ストリーミングするチャンネルリストを公開しているサイトを探すことが肝心なのですが、その情報自体が不安定なため、紙面の都合で紹介していません。

サーフェスウェブ、ディープウェブ、ダークウェブの違い

@GoodAdult

インターネットは大きく分けると3種類の世界があります。

呼称	意味
サーフェスウェブ	一般的なインターネットのホームページ
ディープウェブ	検索エンジン調べられないホームページ
ダークウェブ	普通の方法では見られないホームページ

サーフェスウェブ

通常のWeb空間に存在しているWebサイトです。

Googleなどの検索エンジンがクロールして、一般の目に入り、日常的に利用されている一般的なWebサイトです。

ディープウェブ

これも通常のWeb空間に存在しているWebサイトですが、検索エンジンによるアクセスなどを禁止している会員制Webサイトで検索エンジンでも、その存在を認知できないWebサイトです。

ダークウェブ

ダークウェブに開設されているWebサイトにはGoogle Cromeなど一般的なWebブラウザを使ってアクセスできない場所にあり、そこに行くには特別なソフトウェアや知識などが必要となります。

ディープウェブとダークウェブは「人目につきにくい」という点では似ていますが、その大きな違いは「匿名性」にあります。

この匿名性の高さを利用してダークウェブには違法なWebサイトも開設されています。

ダークウェブには、アンダーグラウンドな面もあり、世界中の優秀な知識をもったユーザーも多くいるため、情報の宝庫でさまざまな情報を知ることができますが「ハッカーがハッキングされる」といったことも起こり得ますので、高いスキルと経験値があろうと危険なWebサイトです。

一般の方はダークウェブに関わらないことをお勧めします。

OSINT技術による調査

@GoodAdult

「OSINT（オープンソースインテリジェンス）」は、インターネット上にある「公開された情報」を元にさまざまな技術やツールを複合的に組み合わせて「調査する技術」を指します（図1）。

図1　奥深いOSINTの世界

例えば「Googleでの検索」でも、人によりその調べ方が違いますし、その結果に辿り着く時間、また、その情報の正確さも異なります。

OSINTの基礎知識

セキュリティ業界には、さまざまな技術がありますが、実際にそれらの技術を扱うのは「人」です。

OSINTは、近年のサイバーセキュリティにおいて重要となる要素の1つで、情報を基礎から「調べる」ということに取り組むのであれば、誰でもすぐに取り組める、とても身近な技術でもあります。

ただし、OSINTの専門職があるほどなので、その調査における複合的な技術の精度と、調査にかかる時間はプロフェッショナルとアマチュアでは雲泥の差があるのは確かなことです。

OSINTの利用法

Webサイト、SNSなどの登場によって、企業のITインフラや多くの従業員に関して、OSINTを介し膨大な情報を収集できるようになっています。

情報セキュリティの責任者は、組織のセキュリティリスクを発見することは最も重要であり、攻撃者によりそれらが悪用される前に対策をする必要があります。

そのための有効な手法として、定期的なテストや演習の実施、そして、ネットワークの弱点を発見するためにOSINTの技術が必要となります。

OSINTの情報源

OSINTにおいては基本的には以下のような公開されている情報源を活用して調査を行います。

- ・新聞
- ・ニュース
- ・政府刊行物
- ・雑誌
- ・インターネット（サーフェスウェブ／ディープウェブ／ダークウェブ）
- ・漏えい情報

セキュリティチームがOSINTを利用する方法

脆弱性診断会社の担当者はOSINTを用いて、社内の情報や社外にある公開情報を調査しますが、組織によっては、意図せず公開された小さなデータに機密情報が含まれている場合もあります。

ITシステムのセキュリティに関する有用な情報には次のようなものがあります。

- ・最新のパッチが適用されていないソフトウェア
- ・外部に開かれたポートと通信が保護されずに接続されているデバイス
- ・ソフトウェアのバージョン、デバイス名、ネットワークおよびIPアドレス

社外から見た場合、WebサイトやSNSは従業員に関する情報が数多く公開されがちです。

また、関連企業も、非公開にしておくべきIT環境の詳細を必要以上に公開している場合もあります。

さらに、検索エンジンにインデックスされていないWebサイトやディープウェブも急速に拡大していますが、これらも公開情報の1つとなるので、OSINTの対象となります。

攻撃者がOSINTを悪用する方法

OSINTには逆の側面もあります。

情報が公開されていれば、悪意のある攻撃者も含め、調べ尽くして誰もが情報にアクセスできるからです。

以下に代表的な例を紹介します。

・従業員の個人情報や業務上の情報についてソーシャルメディアで検索される
・管理者権限をもっている人物を特定し、攻撃の対象を選択するために使われる
・SNSは、このようなOSINT活動の情報源の1つとなる

また、秘密の質問に近い内容である「誕生日」や「ペットの名前」などの手掛かりを得る場合も多くあり、パスワードを類推する目的にも悪用されるため、注意が必要です。

まとめ

例えば、SNSなどで日頃からどのような情報を発信しているのか、インターネット上での安全性を高めるために改めて考える必要があります。

そして、一般においても物事を調べるためにOSINTの技術は欠かせない重要な技術となります。

興味のある方は調べてOSINTの第一歩を踏み出してみてください。

Torの仕組み

「Tor」とは「The Onion Router」の略で「インターネット上での通信経路を複雑にすることで接続元を特定できないようにする」ことができるソフトウェアです（図1）。

世界中でボランティアが稼働させているTorの「ノード」と呼ばれているサーバーを3つ経由させてインターネットに接続します。

「玉ねぎの皮」のように中央部にある芯に到達することが難しいことから「Onion」が入っています（図2）。

図1　通信経路を複雑にする

図2　玉ねぎの皮のような仕組み

Tor Hidden Serviceの仕組み

このTorを使用してWebサイトをホストできるようにしたものを「Tor Hidden Service（秘匿サービス）」と呼びます。

Tor Hidden Serviceのドメインは「.onion」で終わるアドレスです。

一般的にはTorブラウザ経由以外ではアクセスできませんが、Torをプロキシとして設定すればGoogle ChromeやFirefoxなどの他のブラウザでもアクセスすることができるようになります。

ダークウェブの仕組み

このTor Hidden Service群のことを一般的に「ダークウェブ」と呼びます。

ドラマや映画でよく「このハッカーは世界中のサーバーを経由しているため特定できません」という表現がでてきますが、現実世界でもTorという形で存在しています。

　ダークウェブにアクセスをする場合は、google.comなどの通常のインターネットにあるWebサイトにアクセスする場合と違い、いくつかのサーバーを経由してアクセスしています。

　一般的には、PCにTorブラウザをインストールしたり、Torのパッケージを導入し、Torを経由させたいアプリケーションにプロキシを設定しアクセスできるようにして利用されるケースが多いです。

　よく「ダークウェブにアクセスするとウイルスに感染する」という噂がありますが、滅多には起こりません。

　ですが、ダークウェブ上にある犯罪サイトへの無闇なアクセスは避けるべきでしょう。

　また「JavaScriptをオフにする」などの対策を別途しておくことにより、ある程度回避することは可能ですが、「絶対に回避できる」というわけではないので、アクセスしないに越したことはありません。

　しかし、まれにニュースサイトのミラーサイトがダークウェブ上にあることがあり、そちらに関してはアクセスしても問題にはならないと思います。

　ニュースサイトの公式ページにて、あるかどうかを確認してみるとよいでしょう。

　また、現在のところ、日本のニュースサイトでダークウェブ上にWebサイトのミラーサイトを設置しているところはありません。

　ただし、ダークウェブは危険な世界であることは確かですので知識やスキルもなくダークウェブにアクセスすることは避けるべきです。

　そもそも、Torブラウザはダークウェブを閲覧する手段として取り上げられることが多いですが、元をたどると「通信の自由を確保するため」に開発されたブラウザであることはあまり知られていません。

eSIMの利用

@m0tz

「eSIM」は、これまでの「物理SIM」と違い、本体に内蔵されたメモリーに情報を書き込んで、スマホ本体での抜き差しを不要にする仕組みとなっています。

物理SIMでは「標準SIM」「MicroSIM」「nanoSIM」といった各種サイズがありますが、そういったことを気にしなくて済むようになります。

また、契約変更の手続きもオンラインで済み、配送を待つ必要もないので、申し込み直後か、少なくとも半日ほどで使えるようになります。

povo2.0の利用

ここでは、すでに物理SIMを利用中の状況で「povo2.0」というサービスで、eSIMに変更して、他の物理SIMと同時に使えるように設定しています。

・povo2.0
→https://povo.jp/

povo2.0は、2022年では最も一番安価なSIMといえます。

180日ごとにトッピングを追加すればそれ以外は無料で電話番号を入手でき、MNPが可能なので維持費がかからないMNP用SIMとしても使えます。

・povo2.0アプリ【iPhone】
→https://apps.apple.com/jp/app/id1554037102
・povo2.0アプリ【Android】
→https://play.google.com/store/apps/details?id
=com.kddi.kdla.jp

さらにアプリからSIMタイプの変更ができるので窓口やサポートに電話をする必要がない点も便

図1　povoアプリを起動したところ

利です（図1）。

物理SIMからeSIMへの変更

iPhoneXRでは、物理SIMとeSIMが使えるので、こちらで試してみます。

povo2.0はすでに物理SIMを利用していますが、eSIMに変更して電話用として使い、もう1つの物理SIMは「OCNモバイルone」の物理SIMで、こちらはデータ通信用です。

❶まず、povoアプリを起動し、左上の「ようこそ！」の隣の人型を押します（図1）。

❷「プロフィール」として、自分が登録した情報が表示されます（図2）。
画面下にある「契約管理」を押して契約変更手続きを行います。

❸申し込み内容や手続きの進捗などが表示され、さらに下に進むと「その他」の中に「SIMの交換・再発行」という項目が出てきますので、ここを押して、手続きを進めます（図3）。

❹ただし、SIMの手続きは午前9時半から夜8時までと受付時間が決まっていて、この時間外だと手続きできないというダイアログが出ますので時間に注意して登録してください（図4）。

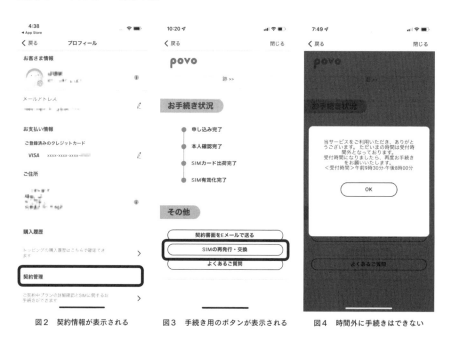

図2　契約情報が表示される　　　図3　手続き用のボタンが表示される　　　図4　時間外に手続きはできない

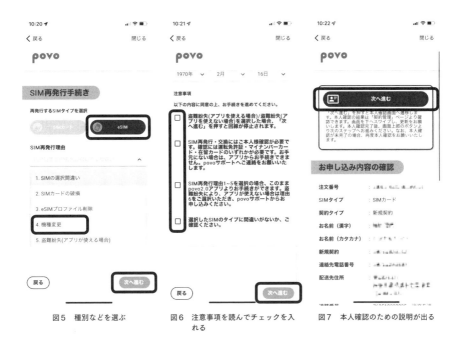

図5　種別などを選ぶ　　　図6　注意事項を読んでチェックを入れる　　　図7　本人確認のための説明が出る

❺時間内の場合は、どのSIMに変更するかと再発行理由、注意事項などが表示されるのでそれぞれ必要な情報を入力していきます。

「SIMタイプ」はeSIMにして、再発行理由は「機種変更」にしています（図5）。

❻注意事項にチェックをつけ、特に問題なければすべてにチェックを入れて「次へ進む」を押します（図6）。

❼「契約管理」の画面に戻ると「次へ進む」というボタンと一緒に説明があります（図7）。

❽「次へ進む」を押すと一旦ブラウザが起動して「eKYC」というオンライン本人確認システムのサイトへ移動します（図8）（図9）（図10）。

このほかに顔を撮影したり、カメラを見た後に3回首振りをするなど写真だけではなく、人間が撮影しているかの確認手順があります。

❾この作業が終わったら、再度（図8）の画面に戻ってきますので「次へ進む」を押してください。

すると自分の情報を入力する画面になりますので、本人確認書類と同じ情報を入力してください（図11）。

185

情報入力が終わったら、あとは本人確認が終わるのを待ちます（図12）。

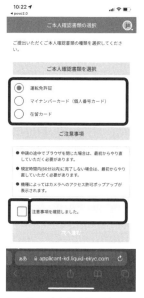

図8　本人確認書類の選択

図9　本人確認書類表面の撮影

図10　本人確認書類裏面の撮影

図11　情報入力画面

図12　情報画面

⓾確認が終わってメールが届いたら、SIMの有効化を行います（図13）。

ここでは、申し込み内容もeSIMに変わっています。

⓫SIMが有効になったら、次はeSIMの設定になります（図14）。

⓬「eSIMの設定」を押すとQRコードとアクティベーションコードが表示されます（図15）

⓭QRコードが読める場合はQRコードを使った方が手軽です。

⓮端末が1台しかないなど、無理な場合はアクティベーションコードをコピーして利用します（図16）。

図13　情報画面

図14　情報画面

図15　設定用QRコード

図16　アクティベーションコード

eSIMと物理SIMを同時に使う

@m0tz

povoのeSIM契約変更が終わったら、次はiPhoneへの設定です。

・eSIMはメインの電話番号として使う
・物理SIMはデータ通信に使う（物理SIMはセット済み）

以上、2点の設定をします。

povoは、そのまま表示されますが、物理SIMは契約先の「OCNモバイルone」ではなく、利用回線の「docomo」が表示されます（図1）。

図1　2回線を使えるようになる

eSIMを認識させる

povoアプリでeSIM再発行が行われていることを確認しました。

❶eSIMの設定は、QRコードかアクティベーションコードを使って行いますが、アクティベーションコードはiPhoneの場合、2つ必要な上にコピー＆ペーストするのが手間だったのでQRコードを含んだ画面のスクリーンショットを撮って別の端末にメールをしてその画面を読み取ります（図2）。

❷QRコードが正しく読めていたら「モバイル通信プランを追加」を押したあと「続ける」を押してプロファイルをインストールします（図3）（図4）。

❸物理SIMはセット済みなので回線が2本の状態で、デフォルトでは「主回線」と「個人」になっていました（図5）。

❹それぞれの回線に付ける名前はいくつか選択肢はありますが、ここではわかりやすくするために「カスタム名称」でプロバイダ名を記載しました。

図2　povoアプリで表示されるQRコード

図3　追加メッセージ

図4　インストールの確認

図5　名前は自動で選択されていた

図6　音声通話にするpovo

図7　データ通信にするOCNモバイルone

　まずは音声通話のpovoです（図6）。

❺データ通信はOCNモバイルoneを使いますので名前を入力します（図7）。

❻「デフォルト回線」は、代表番号のようなもので、他の人にはこの電話番号が通知されますのでpovoを選びます（図8）。

　モバイルデータ通信に使う回線を選びます。

❼「モバイルデータ通信の切替を許可」を「ON」にしておくと回線状況によって切り替えてくれるようですが、povoはトッピングを買わない限りデータ通信速度が128kbpsなので切り替えないことにしました（図9）。

❽これで、「設定」の「モバイル通信」の画面でも確認できました（図10）。

　どちらも音声通話SIMなので電話がかかってきたら着信可能です。

図8　通話はpovo

図9　データ通信にするOCNモバイル one

図10　設定でも2回線確認できる

iPhone iPhoneのショートカットで 音声メモをする

@m0tz

iPhoneでもキーボード入力の代わりに音声で文字を入力できます。

しかし、設定からキーボードで入力方法を設定するなど、手間が多いのも確かです。

iPhoneにはショートカットという便利な機能がありますから、これをiPadを使ってメモを作ります。

ショートカットとは

❶ショートカットとは、複数の機能を組み合わせて1つの機能としてまとめるツールですので、慣れると手放せない便利なアプリとなっています（図1）。

❷起動すると現在保存されているショートカットの一覧が現れます（図2）。

図1　ショートカットのアイコンを押す

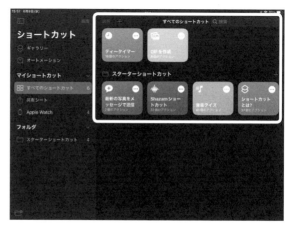

図2　ショートカットの一覧

191

ショートカットを作る

　一覧の上にある「＋」を押すと新規作成ができます。

　編集画面は、左側はアクションリスト、右側がアクション一覧となっていて右から選んだアクションが左に並んでいきます。

❸各アクションは複数の種類に分かれています（図3）。

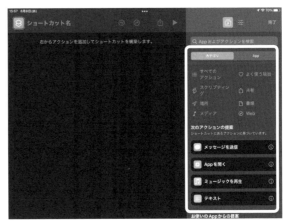

図3　ショートカットの編集画面

❹では、音声入力メモを実際に作ります。

　簡単な仕様として、以下のようにします。

・起動したらすぐに音声入力を開始する
・途中で止まると困るので、終わったら自分で停止ボタンを押す
・入力が終わったら、確認なしですぐにメモに追加する

　まず書類の中にある「テキストを音声入力」を選択します（図4）。

❺このアクションでは「聞き取りを停止」で音声の入力時間を変更できます。

　ここでは自分が入力終了の合図をするようにしたので「タップ時」を選択します。

　これで、自分がしゃべり終わったらメモを作るようになりました（図5）。

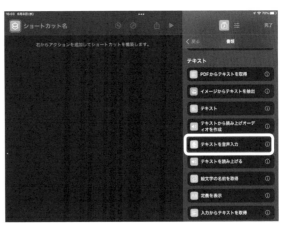

図4　編集画面

❻次に「変数を設定」を追加して、音声入力した内容を変数1に保存します。

　メモに変数の内容を追加するためでもありますが、一旦変数に保存しておけば、入力した内容を別のアクションで加工するのも手軽になります（図6）。

❼次に「メモを作成」を追加してください。

　このとき、作成シートを表示を「OFF」にします。

　こうしておけば、メモを作成するための画面を出さずにメモが追加されます。

　ここでも一手間を省いているだけですので、動作を確認したい場合は「ON」のままで動かしてください（図7）。

❽ここまでできたら、ここでの動きを試してみましょう。

　画面上部にある「▶」ボタンを押すと音声入力の画面が出てきます。

　iPhoneに向かってなにかしゃべってみてください。

図5　音声入力時間を選択

図6　保存する変数を作る

図7　メモを作成

193

話した内容が入力されたら、赤い四角をタップすれば入力完了です（図8）。

❾実際に動いたことが確認できたら、メモに切り替えてしゃべった内容がメモとして追加されているかも確認してください（図9）。

❿ここまでできたら、保存しておきます。

　画面上部にある「ショートカット名」で名前を付けられますのでわかりやすい名前をつけたら、完了を押します（図10）。

⓫一覧に、ここで作ったショートカットが追加されています。

　Siriからも起動できる便利な音声入力メモができました（図11）。

図8　試しに起動したところ

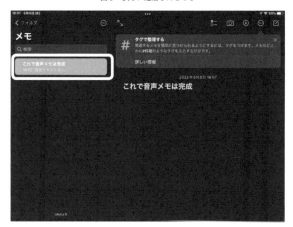

図9　追加されたかをメモで確認

図10　うまくいったら名前を付けて保存

194

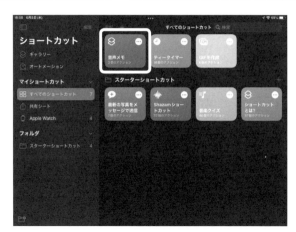

図11　一覧にも表示されている

 まとめ

　ショートカットは、複数の動作を組み合わせることで欲しい機能を追加できる便利なツールです。

　細かい機能を複数作っていき、組み合わせて複雑なこともできるようになっていますので、組み合わせ次第ではこれまで面倒だった作業をiPhoneが代わってくれます。

　特にギャラリーにある写真に文字を入れて誰かにメッセージで送るといったこともできますし、Webにアップロードなどさまざまな操作などもできます。

iPhoneの音声入力でツイートする

@m0tz

iPhoneの音声入力でTwitterアプリを経由して文字通り「つぶやく」ショートカットを作ります。

最終的にTwitterアプリ側の送信ボタンを押さないと送信できないので「全自動でツイート」とまではいきませんが、少ないアクションで作れるので試してみてください。

ショートカットを作る

音声入力メモと同じように音声入力を使って、その内容をTwitterアプリに送ります（図1）。

図1　ここでのショートカットの全体像

他アプリとの連携

❶ショートカットでは、内蔵のアクション以外にアプリをアクションとして使えますが、アプリが対応しているかは、アクションのAppタブに出てくるかで確認できます。

図2　アクションリスト

図3　アプリタブで対応アプリを確認

図4　Twitterアプリで対応されているアクション

自分が普段使っているアプリがあるか、確認してみてください（図2）（図3）。

❷Twitterアプリは、ツイートやDMなど基本的な機能が解放されています（図4）。

アクションの組み合わせでクリップボードや画像を添付したツイートもでき、例えば、ギャラリーにある写真に文字入れ加工をしてツイートということも可能です。

ここでは音声で入力した内容を「ツイート」アクションでツイートします。

音声入力

❶音声入力を使うには、書類アクションの中から「テキストを音声入力」を選択します（図5）。

❷そのままだと起動したら数秒録音して終わってしまいますので、⊘を押すと現れる「聞き取りを停止」を押して、音声の入力時間を変更します。

❸いくつか出てくる項目がありますが、自分で長さを決められる「タップ時」を選択します（図6）。

これは、自分が話した終わったら録音ボタン（■）を押すことで終了できます。

❹次にアプリタブから、Twitterアプリを選んで「ツイート」アクションを選びます（図4）。

❺ツイートする内容については、音声入力をすでに設定しているので（図1）の通り、「音声入力されたテキスト」というのが最初から入ります。

❻変更したい場合は「音声入力されたテキスト」を押します。

図5　テキストを音声入力を選ぶ

❼動作確認は、▶を押します。

押すと音声入力のウィンドウが出ますので、内容はなんでも構いませんのでしゃべったあとで■を押して、Twitterアプリのツイート画面が出てくれば成功です。

まずは、簡単な音声入力でツイートするショートカット

図6　押したら終わるように変更

が完成しました。

音声入力されたかチェックする

　音声入力でツイート、このままでは音声入力した内容がなかった場合にエラーになります。

　そこで音声入力されていればツイート、されていなければそのまま終わりになるよう判定をつけますがこうした判定には「ifアクション」を使います。

❶ifアクションは、条件が合えばその下のアクションを実行、そうでなければさらに下のアクションを実行します（図7）。

❷ここでは音声入力された内容をそのままTwitter側のアクションに送っていますので、なにもなければツイート内容はなにもありませんので、一旦変数に音声入力の内容を入れて（代入）（図8）、変数の中身の有無を確認するため、「もし」の条件に「値がない」を設定します（図9）。

❸これで、音声入力されたテキストがなにか入っていれば、一言でも録音されているということになりますので、その内容をツイートします。

　入っていなければこのショートカットを終了します（図8）（図9）。

❹まずは、変数の中身がなかった場合の処理を作ります。

「スクリプティング」の「制御フロー」にある「このショートカットの停止」を押してください。現在のアクションの一番下に追加されます

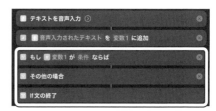

図7　ifアクション

図8　変数への代入

図9　変数の中身を調べる条件を選択

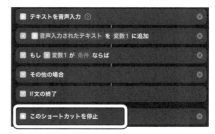

図10　停止処理を追加

（図10）。

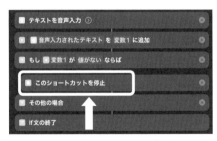

図11　停止処理したい場所へ移動

図12　Twitterを選択

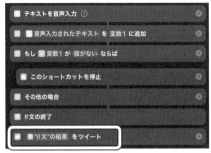

図13　ツイートアクションを選択

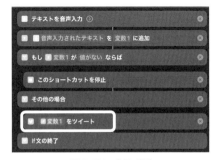

図14　正しい位置へ移動

❺しかし、この位置のままではif文が終わってから実行されますので、これがなくてもショートカットは終了しますので意味がありません。

　このアクションをドラッグ（押したまま指を移動）して、「もし～」と「その他の場合」の間に移動させます（図11）。

❻移動させたら、次に「カテゴリ」から「App」に変更して「Twitter」を選択します（図12）。

❼アクションリストから、ツイートを選択してください（図13）。

❽このままだとifアクションが終わってから実行されますので、アクションのツイート内容も「"if文"の結果」をツイートになっています。

　ifアクションが実行された後なので変数の中身は保証されますが、ツイートされるのはifの結果ですから、TRUE（真）かFALSE（偽）という、ツイートしなくてもいいようなことになります。

　これでは困りますので、先ほどの停止アクションと同じように正しい位置へドラッグします。

「その他の場合」と「If文の終了」の間に移動すれば、正しい内容である「変数1をツイート」になりました（図14）。

これで、ifアクションの「値があった場合」と「値がない場合」が処理できるようになり、変数にテキストが入っていればツイート画面に内容が表示されますし、そうでなければそのまま終了し、当初の目的の通り、無事音声入力でツイートされるようになりました。

おわりに

これで音声入力ツイートショートカットができました。

左上にこのショートカットの名前を入力して、右上にある「完了」を押して保存します。

ショートカットのアクションもプログラム言語と同じく代入や条件判断、処理順の制御などが用意されており、こうしたアクションを使うことでプログラムを書かずに複雑な作業を簡単にこなせるようになります。

アプリ側のアクションと組み合わせることでショートカットだけではできないことができるようになるので、慣れてくれば「この機能とこの機能を合わせたらできる」と思いつくようにもなりますので、試してみてください。

スマホをNAS代わりにする

@m0tz

「LAN Drive」を使って、スマホをファイルサーバー化できます（図1）。

・LAN drive – SAMBA Server & Client【iPhone】
→https://apps.apple.com/jp/app/id1317727404
・LAN drive – SAMBA Server & Client【Android】
→https://play.google.com/store/apps/details?id=fr.webrox.landrive
・LAN drive – SAMBA Server & Client【Windows】
→http://tubecast.webrox.fr/landrive/

　LAN Driveは、スマホをWindows用ファイル共有プロトコル（SMB）を使ったファイルサーバーにするためのアプリです。

iPhoneの設定

❶iPhone版は特に設定の必要がなく、起動するだけでWindowsなどのPCからアクセスが可能で、ネットワーク系のアプリでは、まずアクセス権限の確認があります（図2）。

図1　スマホをファイルサーバー化　　　　図2　アクセスについての確認　　　　図3　起動する

201

図4 接続を確認するダイアログ　　　　図5 写真の権限を設定できる　　　　図6 削除の確認

❷接続を許可したら、右下にある「START」を押すことでサーバーが起動して「STOP」に変わります（図3）。

❸接続方法の詳細を確認する場合は、「HOW TO CONNECT」をタップすると設定方法をまとめたサイトへ移動します。

　左下にサーバー名やIPアドレス、ポートアドレスなど接続に必要な情報がありますが、この情報を元にPCからアクセスするとアクセスを許可するかどうかのダイアログが現れます（図4）。

❹デフォルトでLANDriveが用意するフォルダと写真フォルダにアクセスできるようになっていますが、写真フォルダを選んだ場合は、特定の写真、全部の写真など、写真への許可範囲を選択できます（図5）。

❺PC側からファイルを削除するとサーバー側に削除していいかを確認するダイアログが開きます（図6）。

　「削除」を選べばファイルは削除されますが「許可しない」を選ぶと、削除されることはなく、PC側でも削除できないエラーが出ます。

サーバー設定

❶起動画面の右上「(歯車)」をタップするとサーバー設定画面になります（図7）。

　アクセスに関係する設定は「ユーザーインターフェース」「SMBサーバー」「認証タイプ」「DCIM写真とビデオ」ですが、それ以降の設定は、サーバー設定

図7　サーバーの細かい設定ができる

図8　認証タイプ

図9　ユーザー登録画面

がよくわからないうちは必要ありませんので、ここでは省略します。

「Allow public IPs」は、グローバルIPアドレスを使うかどうかの設定ですが、基本は「OFF」で使えばいいでしょう。

PCの種類によりますが、Windows10以降のPCで接続する場合は「SMB1(CIFS)」は「OFF」にしておきます（新しいバージョンを優先する）。

図10　ユーザー設定画面

図11　共有設定

❷「認証タイプ」は、起動画面の「USERS」からも変更できますが、匿名／アクセス確認ありの匿名／権利ありユーザーと三段階あります（図8）。

「権利ありユーザー(登録済みユーザー)」を選ぶとユーザー登録画面になります（図9）。

右上「＋」はユーザー追加、その隣「C」はリロードです。

203

登録したユーザーが出
ない場合に使います。

❸ユーザー登録画面では、
ユーザーのアクセス許可
／ユーザー名／パスワー
ド／全体的な読み書き権
限／フォルダの読み書き
権限を設定して「Save」
を押します（図10）。

❹新しいフォルダを追加
した場合などは、全体
的な読み書き権限が付
与されますので、基本
は「Read」のみを「ON」、

図12　フォルダの設定1

図13　フォルダの設定2

フォルダの読み書き権限で個別に書き込みを許可します。

❺起動画面の「SHARING」は共有フォルダの設定になります（図11）。

　右上「+」はフォルダ追加、その隣「C」はリロードです。

❻フォルダをタップするとそのフォルダの設定ができます（図12）。

　共有するかどうか、名前などの設定ができます。

　フォルダを追加するときには、フォルダ名／フォルダの説明／LAN Driveの
アプリにフォルダを含めるか／フォルダの場所を選択します（図13）。

　LAN Driveにフォルダを含めるようにすると、通常の「ファイル」アプリで
は「LAN Drive」とまとめて表示できますので、こだわりがないのであればこ
のスイッチを入れておくとアクセスしやすくなります。

Androidの設定

　AndroidでもLAN Driveの設定は同じですので、アプリ自体の設定はiPhone
の項目を確認してください。

　AndroidとiPhoneの違いはSMBとNETBIOSが使うポートです。

　AndroidではTCP445,UDP137,138は使えませんので、1024番以上のポート
を使うことになります。

　アプリ側の暫定対処としてTCP1445,UDP1137,1138に変更されます。

　スマホのLAN Driveアプリではアクセス可能ですが、Windowsからはそのま
までは利用できません。

Windows版LAN DriveをMicrosoft Storeから購入して利用するか、WSLという Windows10から使えるようになったLinux環境で行います。

WSLを使ったアクセス

WSL（Windows Subsystem for Linux）は、WindowsでLinuxをそのまま動かすためのシステムで、Windows10から標準になりました。

一部仮想マシン用のBIOS設定が必要ですが、それ以外は複雑な手間なしに使えます。

❶インストールはコマンドプロンプトから以下を実行します。

```
wsl --install
```

これで必要なファイルをすべてインストールできますが、何度か再起動が必要となる可能性もあります。

❷WSLのインストールが終わったら設定を行います。

IPアドレス「192.168.1.120」でポート「1445」で動いている場合は次のようになります。

IPアドレスは自分の環境に合わせますが、ポート番号は無理に変える必要はないはずなので「1445」のままで使います。

❸WSLを起動して、以下のコマンドでマウントの準備をします。

LANDriveのフォルダをWSLのフォルダとしてマウントするためのツールとマウント先のフォルダを作ります。

```
sudo apt install nfs-common && sudo apt install cifs-utils
sudo mkdir /mnt/landrive
```

❹次に、LAN Driveのフォルダを先ほど作ったフォルダにマウントします。

そして、マウント先に移動したらそのフォルダからエクスプローラーを起動します。

```
sudo mount -t cifs //192.168.1.120/LANdrive /mnt/landrive -o port=1445
```

❺そして、マウント先に移動したら、そのフォルダからエクスプローラーを起動します。

```
cd /mnt/landrive
explorer.exe .
```

　Windowsでエクスプローラーが開いたら、アドレスが「\\wsl$\Ubuntu\mnt\landrive」なのを確認してください（図14）。

　この作業は、アクセスしたいフォルダの分だけ行う必要があります。

　PCの電源を切った場合は、再度マウントが必要になりますが、その際には、サーバー側のフォルダ名、/mnt以下のフォルダ名をそれぞれ変更する必要があります。

❻Windows側では「\\wsl$\Ubuntu\mnt」で1つ上のフォルダにアクセスできますので、このフォルダを右クリックで「クイックアクセスにピン留めする」で登録しておいてもいいでしょう。

図14　Windowsのエクスプローラーでも表示される

　書き込めない場合はスマホのLAN Driveでユーザー設定の「Global permissions」を確認してください。

　Readが「ON」で読み込み、Writeが「ON」で書き込みがそれぞれ許可されていることになります。

自前でURLを展開する

@m0tz

アフィリエイトのページでURL展開などの紹介をしましたが、自分の手元で同じようなことをしたいという場合は、以下のプログラムを使ってください。

Androidで動かしたい場合は、汎用のLinux環境である「Termux」を使います。

公式サイト:https://termux.dev/en/

GooglePlayのアプリはLinuxでpkgインストールができませんが「F-Droid」というオープンソースアプリストアからダウンロード可能です。

❶は「apache」と「PHP」をインストール、❷は「apache」の起動です。

```
❶pkg install apache2 php php-apache
❷httpd
```

ホーム画面に戻ってブラウザから「http://localhost:8080/」でアクセスできたら、phpファイルを「$PREFIX/share/apache2/default-site/htdocs/」に置き「http://localhost:8080/[phpファイルの名前].php」でフォームが表示されれば成功です。

 Windows

❶WSLの設定を行います。

❷Microsoftストアから「Ubuntu」をインストールします。

❸以下のコマンドでapacheとphpを入れます。

```
sudo apt install php apache2
sudo service apache2 start
```

 MacOS

Homebrewを使ってphpとapache2をインストールします（標準でインストールされている場合はphpを使える環境にする）。

具体的な手順については、検証できる機械がないので各自で対応してください。

使い方

❶expand.phpは、UTF-8で保存して、サーバーのドキュメントルートに置きます。

　例はWSLの場合ですので、他のOSではsudoは必要ないこともあります。

```
sudo cp expand.php /var/www/html/
```

❷ブラウザから次のURLを入力してください。

❸PC以外からアクセスする場合は、localhostをPCのIPアドレス（192.168.xxx.xxxの形のアドレス）に変更します。

```
http://localhost/expand.php
または
http://localhost:8080/expand.php
```

　特にエラーがなければフォームが表示されます。

　短縮URLを展開する場合は「短縮URL→」にURLを入力後「URL展開」を押してください。

　URLエンコードされたリンクを確認する場合は「エンコード済みURL→」にURLを入力後「URLデコード」を押してください。

expand.php

```
<!DOCTYPE html>
        <html lang="ja">
        <head>
                <meta charset="UTF-8">
                <meta name="viewport" content="width=device-width, initial-scale=1.0">
                <title>Expand shortened URL</title>
        </head>
<?php
```

```php
// ini_set('display_errors', 1);
        $expanded = "";
        if ( array_key_exists('shorturl', $_POST) && $_POST['
shorturl'] != ""
        && array_key_exists('expand', $_POST) && $_POST['
expand']   != "" ) {
                $shorturl = htmlspecialchars($_POST['shorturl
']);

                $header = get_headers($shorturl);
                // 展開できなかったら、元のURLにする
                $expanded = $shorturl;
                for ( $i = 0; $i < sizeof($header); ++$i ) {
                        if ( strstr($header[$i], "location:")
) {
                                $expanded = trim(explode("locat
ion:", $header[$i])[1]);

                                $bareURL = explode("?", $expand
ed)[0];

                                if ( !preg_match('/https?:¥/{2}
[¥w¥/:%#¥$&¥?¥(¥)~¥.=¥+¥-]+/', $bareURL) ) {
                                        $bareURL = "";
                                }
                                break;
                        }
                }
        }
        else
        if ( array_key_exists('decodeurl', $_POST) && $_POST[
'decodeurl'] != ""
        && array_key_exists('decode', $_POST) && $_POST[
'decode']   != "" ) {
                $shorturl = htmlspecialchars($_POST['decodeur
l']);
```

```php
            $expanded = urldecode(urldecode($_POST['decod
eurl']));
            $bareURL = "";
    }
    if ( $expanded != "" ) {
            if ( $bareURL != "" ) {
                    printf( '展開前:%s<br />展開後:%s<br />
', $shorturl, $expanded );
                    printf( '(<a href="%s" target="_blank"
rel="noopener noreferrer">参考サイト</a>)<br /><hr />',
$bareURL );
            }
            else // urldecodeは、どこにURLがあるかわからないの
でリンクにしない
            {
                    printf( '展開前:%s<br />展開後:%s<br
/><hr />', $shorturl, $expanded );
            }
    }
?>
<body>
    <form action="expand.php" method = "POST">
            短縮URL→<input type="text" name="shorturl" />
            <input type="submit" name="expand" value="URL
展開" /> <br />
            エンコード済みURL→<input type="text" name="deco
deurl" />
            <input type="submit" name="decode" value="URL
デコード" />
    </form>
</body>
</html>
```

210

AndroidにPCからアクセスする

@m0tz

Androidには、保存しているファイルをケーブルを使わずに転送ができる「X-plore File Manager（X-plore）」というアプリがあります（図1）。

このアプリは、スマホ内部のファイルの管理を行えるファイラーアプリと呼ばれるアプリで、X-ploreもバージョンアップを重ねています。

GoogleもFilesという内部ファイルの確認や削除を行うアプリがありますが、このようなアプリが存在していてもファイラーアプリはいろいろなものがリリースされるほど人気があります。

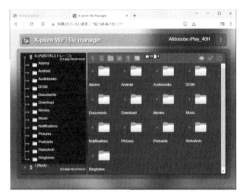

図1　AndroidのWeb共有ページにアクセス

X-plore File Manager

・X-plore File Manager【Android】
→https://play.google.com/store/apps/details?id=com.lonelycatgames.Xplore

 FTPでファイルをやりとり

X-ploreは、本体やSDカードに保存されているファイルを管理するためのファイラー機能がメインです。

このメイン機能以外にも内蔵されているFTPサーバーとWi-Fiサーバーが便利です。

❶FTPサーバーを使うには設定が必要ですので、まず「Appマネジャー」を押します（図2）。

「Appマネジャー」を押すと追加できる機能の一覧が現われます。

いくつかは後述しますが、ここでチェックを付けた機能の設定用リンクが先

ほどのファイル操作画面に追加されていきます。

❷設定が終わったらチェックを外せば消えますし、消さずにそのまま残してお
いても構いませんが、わかりづらいと思ったら、同じようにAppマネジャーで
チェックを外します（図3）。

❸ここではFTPですから「FTP」を押してチェックを付けています（図4）。

❹これでFTPを使う準備ができましたので、設定をしていきます。

❺「Appマネジャー」のFTPを押します（図5）。

❻「認証」を押せば、現在登録されているユーザーとパスワードが表示されま
す（図6）。

図2　Appマネジャーを押す

図3　Appマネジャーの設定一覧

図4　FTPを使うように設定

図5　FTPの設定を行う

図6　認証を押すとユーザー名が確認
　　　できる

図7　パスワードの「ペン」アイコンを
　　　押すと変更できる

図8　パスを押すとルートフォルダが
　　　確認できる

図9　右の◎を押せばサーバーが起動
　　　する

図10　FTPサーバーが起動したところ

❼ユーザー名は「admin」パスワードは「＊」で表示されています。

　ユーザー名はそのままでも構いませんが、パスワードは確認して変更します。

　パスワードの右にある鉛筆マークを押せば、現在のパスワードが確認できます（図7）。

　ここでの例ではどちらも変更していませんが、自分のスマホで起動する場合、万が一起動したまま出かけてしまうなど不審なアクセスをされないためにもユーザー名とパスワードを変更して登録しておいてください。

❽FTPへアクセスしたときに見られるフォルダは「パス」で設定できます。

　デフォルトでは「内部共有ストレージ」です（図8）。

　フォルダリストには「/storage/emulated/0」と表示されています。

　この名前はAndroidで決まっていて、アクセスするユーザーによって変わることがあります。

　まずはデフォルトのままで使います。

❾ここまでの設定ができたら「FTP sharing」の右にある「◎」を押してください（図9）。

❿起動すると「FTP sharing」の下にFTPへアクセスするためのアドレスが表示されます（図10）。

　表示されたアドレスにアクセスしてフォルダの内容が表示されていれば成功ですので、このフォルダを使ってダウンロードやアップロードをして、PCや他のスマホとやりとりができます。

あとがき

　本書の企画は2022年5月に始まりました。

　紙面を作るため情報は「危険なハッキングツール」をイケイケで収録したかったのですが、読者のインターネットリテラシーも上がり、スマホの初級者や中級者向けの「ライフハック」な内容となり、雑誌風の情報を中心にして製作しました。

　発売時には当たり前のことになっている情報もあるかもしれません。

　また、想定以上に危険な原稿が集まったため、初稿では357ページまで膨れ上がり、掲載しきれなかった情報も多数あり、そこが残念なところです。

　しかし、スマホのライフハックや中級者向けのセキュリティを調べたり、知ることが楽しかったです。

　自分も改めてiPhoneやAndroidの楽しさを知り、製作してみてよかったと思いました。

　自分たちは、AppleやGoogleなどを含め、ガチガチに監視されているインターネット社会の中で、深く潜り、規制を掻い潜り自由なインターネットを楽しんでおり、そんな日常の基本的な内容をまとめてみました。

　本書ではさまざまな方に執筆、監修して頂いたり、また、各著者もギリギリのスケジュールの中、よくがんばってくれました。

　みなさん、本当にありがとうございました。

　インターネットは広く、深い世界です。

　読者のみなさんもセキュリティ意識を高めた上で自由なインターネットを楽しんで頂ければ幸いです。

2023年2月　裏社会のスマホ研究会

参考文献（※情報／引用含む）

●東京新聞
→https://www.tokyo-np.co.jp/
●総務省
→https://www.soumu.go.jp/
●NHK
→https://www3.nhk.or.jp/
●NTT西日本
→https://flets-w.com/
●docomo business
→https://www.ntt.com/
●GIGAZINE
→https://gigazine.net/
●GIZMODO
→https://www.gizmodo.jp/
●ITmedia
→https://www.itmedia.co.jp/
●INTERNET Watch
→https://internet.watch.impress.co.jp/
●ケータイWatch
→https://k-tai.watch.impress.co.jp/
●Impress Watch
→https://www.watch.impress.co.jp/
●YAHOO!ニュース
→https://news.yahoo.co.jp/
●マイナビニュース
→https://news.mynavi.jp/
●CyberSecurity.com
→https://cybersecurity-jp.com/
●Tanweb.net
→https://tanweb.net/
●中華IT最新事情
→https://tamakino.hatenablog.com/
●NTT BP Wi-Fi Column
→https://www.ntt-bp.net/column/
●Canon ESET SPECIAL サイバーセキュリティ情報局
→https://eset-info.canon-its.jp/malware_info/
●QRコード作成サイト／無料版
→https://qr.quel.jp/
●Office Hack
→https://office-hack.com/
●TIME&SPACE
→https://time-space.kddi.com/
●PERFECTO
→https://www.perfectcorp.com/
●国際キャッシュカード&海外キャッシング比較
→https://www.card-user.net/

●SAISON CARD
→https://www.saisoncard.co.jp/
●e-Words
→https://e-words.jp/
●Apple Geek LABO
→https://apple-geeks.com/
●Security Next
→https://www.security-next.com/
●BIGLOBE
→https://join.biglobe.ne.jp/
●VPN Mentor
→https://ja.vpnmentor.com/
●ANGUADD VPN
→https://adguard-vpn.com/
●セキュマガ
→https://www.lrm.jp/security_magazine/
●ネットの電話帳
→https://jpon.xyz/
●norton
→https://jp.norton.com
●BUSINESS INESSIDER
→https://www.businessinsider.jp/
●AMIYA
→https://www.amiya.co.jp/
●情シスNavi
→https://josysnavi.jp/
●mybest
→https://my-best.com/
●Easy Innovation Zone
→https://eizone.info/
●kaspersky daily
→https://blog.kaspersky.co.jp/
●Panasonic
→https://panasonic.jp/
●GMOクラウドのSaaS
→https://saas.gmocloud.com/
●テンミニッツTV
→https://10mtv.jp/
●ファイナンシャルフィールド
→https://financial-field.com/living/
●IPひろば
→https://www.iphiroba.jp/

著者プロフィール

DAT

本書を執筆する機会を頂きありがとうございます。

1995年に『さわやかインターネット（クーロン黒沢・ミスターPBX・ガスト関 著）』を読み、PCを買ってインターネットにハマりました。

以来、筆者もさまざまな雑誌などに寄稿してきましたが、今回はハンドルネームを新たにして久々に執筆に挑んでみました。

趣味は「音楽」です。

DTMで「Ableton Live11」というDAWのシーケンサーをいじり倒すことです。

あとは、アウトドアに行ったり、様々なシークレットパーティなどを彷徨いながら楽しく生きています。

執筆が2022年に書き始めた内容なので陳腐化するのが恐ろしいのですが、なにか問題がありましたらメールアドレス宛てにご連絡ください。

本書を読んで、楽しいインターネットになり、ライフハックにつながって頂ければ、これ以上の喜びはありません。

ありがとうございました。
メールアドレス：dat345@nyasan.com

GoodAdult

XX歳。

年齢不詳、住所不定の自称社会人。

良い大人になりたいと願うしがないインテリジェンスのプロフェッショナルを目指すトーシロー。

10代より社会の暗部で活動するも奇跡的に何者かに拾われ、今に至る。どんな言語でも一切関係なく調査することが得意。

好きな言葉は「ババ抜きは人生」。

口癖は「まともな友人が欲しい」。

誰にも負けない特技は他人の粗を徹底的に探すこと（この特技のせいでよく怒られる）。

普段は働きアリとして地を這い餌を求めて地上を練り歩く。

大きな虫の羽をも持ち上げ、前のアリが轢いた道(レール)を元に巣へと持ち運ぶ。

メールアドレス：goodadult at protonmail dot com

著者プロフィール

m0tz

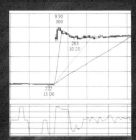

はじめまして、または、ご無沙汰しております。m0tz（m0tz.ctrl.d@gmail.com）です。アイコンはある日の8622です。

なんとなく電話で話を聞いてたら、原稿を書いてて、さらにページ数多すぎたとか…。ひょっとして俺なんかやっちゃいました!?

なんか勢いで書いてた原稿出てきたんで、それを修正して著者プロフィールの文章に転用しようと思います。

趣味は流動的。好きな音楽はロックとテクノです。ラノベは読みます。でもマンガ読んでる時間のほうが長い。

VBAよりRuby派です。Pythonは…あんまり興味ないです。WindowsとLinuxはいいけど、macOSはあんまり使いません。NuBusに良い思い出がありません。

スマホはAndroid派です。iPhoneはこないだあらためて買いました。調整済みの中古買いましたけど、最近のはきれいですね。次かその次のOSアップデートまでいけそうなのでそのあとで考えます。もう買わないかも知れないけど。

そういや、古いスマホって中身はUNIX系OS（LinuxやBSD系）が動いてるから、サーバー系のアプリって結構でてるんですよね。起動して使うようになるまである程度設定とかは必要だけど。で、外部端子使ってストレージつなげるから、容量もあまり気にせず済んだりしていい世の中ですね。

昔みたいに個人サーバー立てるのが流行ってたら、パケット代（っていわないんだ、ギガっていうんだっけ）が払えないみたいな人でてきそう。

今後も高性能なスマホにみんなどんどん買い換えして、安くて上質な中古を流通していってください。

んじゃね。

著者プロフィール

PBX

mR-pBx です。

　今年還暦ジジィだ、半分以上ボケているゼ

　そう、人のハナシは5分後には話を忘れるが、インチキソフトの探求や公開前／中の^_^%#@や、ダウソする技は、相変わらず日夜努力してまんがな、

　あ、そーそー細菌はTV関係ね。でも危険なBカスなんか一切不要アルヨ、ダンナ、多少のハナシは本誌に書き殴ってアルデって、と言う事で全く金にならない事ばかり研究しているボケ老人の戯言でした。

　蛇ぁ股

　最後に、本書を書く機会をくれたMAD氏に感謝すると共に亡き友人Vladに捧ぐ

MAD

　書籍編集という仕事をしながら、ひっそりと生息しています。

　スマホは「iPhone3G」時代から、iPhone（iOS）ばかり使っていますが、それほど新しい機種は買いませんし、特殊なアプリもインストールしていないので、Webブラウザのブックマークとメッセージアプリ程度しか使いません。

　Androidは、書籍の検証用として初めて使いました。

　どちらもコツさえつかめば、同じようなものなので、素人ながら分解や組み立て、また、時には破壊にまで至ります。

　いまやSNS全盛の時代ですが、SNSには距離を置き、アンダーグラウンドに潜りっぱなしで、マニアックな情報は、詳しい方々を頼りにメッセージのやり取りばかりとなっています。

　そうした意味で紙面の内容は、アンダーグラウンドな話題において、会話の基礎となりそうな情報を抜粋してみました。「スマホ雑誌」と「インターネット雑誌」を足して割ったような内容となりましたが、AIの活用により、文章を書く、文章を編集するなどのスタイルも大きく変化するでしょうし、いつかはAIにテーマを指示するだけで書籍が作れる時代がくるのかもしれません。

　それでも「動かす」のは「人」です。

　本書を読むことにより、少し変わったインターネットアンダーグラウンドの常識などを知って頂ければ幸いです。

メールアドレス：urasmahobook@protonmail.com

裏社会のスマホ活用術

2023年4月13日　初版第1刷発行

著　者　　裏社会のスマホ研究会

発行者　　鵜野義嗣

発行所　　株式会社データハウス

　　　　　〒160-0023　東京都新宿区西新宿4-13-14

　　　　　TEL 03-5334-7555（代表）

　　　　　HP http://www.data-house.info/

印刷所　　三協企画印刷

製本所　　難波製本

ISBN978-4-7817-0254-4　C3504

ハッキング技術を教えます
定価（本体 3,500 円＋税）

ハッカーの学校
ハッカー育成講座

データハウス歴代ハッキング書籍の情報をまとめ、基礎知識からサーバー侵入までの具体的な流れを初心者でもわかるよう丁寧に解説。

情報調査技術を教えます
定価（本体 3,500 円＋税）

個人情報調査の教科書 第2版
探偵育成講座

氏名、住所、電話番号、生年月日、職業、勤務先、etc...。アナログ、デジタルのあらゆる手段を用いて個人情報を調査する手法を徹底解説。

鍵開け技術を教えます
定価（本体 4,200 円＋税）

鍵開けの教科書 第2版
鍵開け育成講座

鍵の歴史、種類、構造、解錠の研究。
ディフェンスの基礎概念がわかるセキュリティ専門家必携の書。

ハッキング技術を教えます
定価（本体 2,800 円＋税）

ハッキング実験室
ハッカー育成講座

SNSフォロワー自動生成、キーロガー、ボットネット、フィッシングサイト。
SNSを利用したハッキング・プログラミング実験教室。

ハッキング技術を教えます　　定価(本体 2,800 円＋税)

IoTハッキングの教科書　第2版

ハッカー育成講座

IoT機器のハッキングとセキュリティの最新技術
を解明。
WebカメラからWebサーバーまで検証。

ハッキング技術を教えます　　定価(本体 3,000 円＋税)

サイバー攻撃の教科書

ハッカー育成講座

サイバー攻撃の驚異を解明。現役のセキュリティ
専門家がサイバー攻撃におけるハッキングの基
本テクニックを公開。

ダークウェブの実践的解説書　　定価(本体 2,800 円＋税)

ダークウェブの教科書

匿名化ツールの実践

NHKで仮想通貨の不正流出ルートを追跡したホワ
イトハッカーのデビュー作。
基礎知識、環境構築、仮想通貨、証拠を残さない
OSの利用など、インターネットの深層世界を徹
底解説。

最先端のハッキングの手口を検証　　定価(本体 3,200 円＋税)

ハッカーの技術書

ハッカー育成講座

Windows、Linuxに始まり、現在主流となっている
Cloud、Phishing、そして禁断のMalwareに至るま
で、具体的な最新情報をそれぞれ選りすぐり解説。

IoTシステムに潜む脅威と対策　定価(本体 2,800 円+税)

IoTソフトウェア無線の教科書

Internet of Things

Bluetoothから携帯電話基地局偽装など、ネットワーク機器に潜む様々な無線通信の危険性と攻撃手法を現役の専門家が基礎から徹底検証。

**GPS Bluetooth ZigBee Sigfox
LoRaWAN LTE**

ハッキング技術を教えます　定価(本体 3,800 円+税)

ペネトレーションテストの教科書

ハッカー育成講座

プロのセキュリティエンジニアがOSINTをはじめとしたハッカーの基本的な攻撃手法を解明しながらペネトレーションテストの工程を徹底解説。

ハッキング技術を教えます　定価(本体 3,500 円+税)

オンラインゲームセキュリティ

ハッカー育成講座

オンラインゲームにおけるチート行為と、それに立ち向かうために必要な知識や手法を防御視点でプロが解説した初めての書籍。

サイバー攻撃の取扱解説書　定価(本体 2,500 円+税)

ホワイトハッカーの学校

エンジニア育成講座

ホワイトハッカーのビジネスに焦点をあてて、サイバー攻撃の防御と概念を現役のペネトレーションテスターが解説。